高职高专土建类系列教材

建筑装饰工程技术专业

建筑装饰 CAD 实例教程

主　编　王　芳　李井永

副主编　赵　犁　许欢欢

参　编　艾志刚　王丽红

主　审　丁春静

机械工业出版社

本书主要讲述利用 AutoCAD 2014 绘制建筑装饰图形的基本思路和具体方法。全书由浅入深、循序渐进，通过一系列实例讲解利用 AutoCAD 绘制建筑装饰图形必需的基本知识，通过绘制一套完整的住宅楼原始平面图、平面布置图、地面材料图、顶棚布置图和电视背景墙立面图讲解 AutoCAD 2014 绘图的方法。

全书共 12 章。第 1 章为 AutoCAD 概述，第 2 章和第 3 章讲解 AutoCAD 中常用的绘图命令和图形编辑命令，第 4～6 章分别利用实例介绍了各种家具、电器和相关建筑图块的绘制方法，第 7～11 章详细讲述了住宅楼原始平面图、平面布置图、地面材料图、顶棚布置图和卫生间侧墙立面图的绘制方法，第 12 章介绍打印操作等知识。

本书努力体现快速而高效的学习方法，力争突出专业性、实用性和可操作性，非常适合于 AutoCAD 的初、中级读者阅读，是建筑行业人员和建筑相关专业学生学习 AutoCAD 制图不可多得的一本好书。

图书在版编目（CIP）数据

建筑装饰 CAD 实例教程/王芳，李井永主编. —北京：机械工业出版社，2016.2（2022.2 重印）
高职高专土建类系列教材. 建筑装饰工程技术专业
ISBN 978-7-111-53872-1

Ⅰ.①建…　Ⅱ.①王…②李…　Ⅲ.①建筑装饰-建筑设计-计算机辅助设计-AutoCAD 软件-高等职业教育-教材　Ⅳ.①TU238-39

中国版本图书馆 CIP 数据核字（2016）第 113547 号

机械工业出版社（北京市百万庄大街 22 号　邮政编码 100037）
策划编辑：张荣荣　责任编辑：张荣荣　责任校对：肖　琳
封面设计：张　静　责任印制：常天培
固安县铭成印刷有限公司印刷
2022 年 1 月第 1 版第 4 次印刷
184mm×260mm · 15.25 印张 · 374 千字
标准书号：ISBN 978-7-111-53872-1
定价：42.00 元

电话服务　　　　　　　　网络服务
客服电话：010-88361066　机　工　官　网：www.cmpbook.com
　　　　　010-88379833　机　工　官　博：weibo.com/cmp1952
　　　　　010-68326294　金　书　网：www.golden-book.com
封底无防伪标均为盗版　机工教育服务网：www.cmpedu.com

前　　言

AutoCAD 是美国 Autodesk 公司开发的通用计算机辅助设计软件，是建筑工程设计领域最流行的计算机辅助设计软件，具有功能强大、操作简单、易于掌握、体系结构开放等优点，使用它可极大地提高绘图效率、缩短设计周期、提高图纸的质量。熟练使用 AutoCAD 绘图已成为建筑设计人员必备的职业技能。

利用 AutoCAD 绘制建筑装饰图，不仅需要掌握 AutoCAD 绘图知识，还必须掌握建筑装饰设计的相关要求，因此快速而高效的学习方法就是在用中学。本书在编写过程中，力争体现这种思想，突出专业性、实用性和可操作性，通过各种制图实例的详细讲解，不但使读者掌握了 AutoCAD 的基本命令，同时也掌握了利用 AutoCAD 进行建筑装饰设计的基本过程和方法。读者在阅读本书时，只要按照书中的实例一步一步做下去，就可以在很短的时间内，快速掌握利用 AutoCAD 进行建筑装饰设计的技能。

本书各章的主要内容如下：

第 1 章：AutoCAD 概述，主要包括 AutoCAD 2014 启动与退出方法，界面简介，AutoCAD 文件的新建、打开和保存的方法，数据的输入方法，绘图界限和单位设置，图层设置，视图的显示控制和选择对象的方法等。

第 2 章：讲解常用 AutoCAD 二维基本绘图命令的使用方法和技巧，如直线命令、多边形命令、圆命令、点命令等。

第 3 章：讲解 AutoCAD 二维图形编辑命令的使用方法和技巧，如移动命令、复制命令、删除命令、修剪命令等。

第 4 章：通过实例讲解各类家具的绘制方法，如绘制双人床平面图，桌椅平面图，洗手盆平面图等。

第 5 章：通过实例讲解各类电器的绘制方法，如绘制浴霸平面图、音箱立面图、电视机立面图等。

第 6 章：通过实例讲解各类建筑图元的绘制方法，如绘制指北针、标高符号、门平面图等。

第 7 章：以住宅楼原始平面图为例，讲解建筑装饰设计中的原始平面图的绘制方法和技巧。

第 8 章：以住宅楼平面布置图为例，详细讲解平面布置图的绘制方法。

第 9 章：以住宅楼地面材料图为例，讲解绘制地面材料图所涉及的知识及绘制方法。

第 10 章：以住宅楼顶棚布置图为例，讲解顶棚布置图的绘制方法和技巧。

第 11 章：以住宅楼卫生间侧墙立面图为例，详细讲解建筑装饰立面图的绘制方法和技巧。

第 12 章：以住宅楼的平面布置图打印输出为例，详细讲解 AutoCAD 打印建筑图形的方法。

本书章节安排合理，知识讲解循序渐进，在内容组织上注重实用性，突出可操作性，知识讲解深入浅出，具有较宽的专业适应面；本书每章后均附有思考题与练习题，既便于教学，也有利于自学，既适合于有关院校建筑类专业的师生，也可作为从事建筑装饰设计或其他建筑行业设计人员自学 AutoCAD 的参考书。

本书由辽宁建筑职业学院王芳和李井永任主编，广东建设职业技术学院赵犁、重庆能源职业学院许欢欢任副主编，新疆建设职业技术学院艾志刚、辽宁建筑职业学院王丽红参与编写，由辽宁建筑职业学院丁春静担任主审。王芳负责全书统稿，并编写第 3～6 章，赵犁编写第 1 章，许欢欢编写第 2 章，李井永编写第 7、8、10、11 章，艾志刚编写第 9 章，王丽红编写第 12 章。

在本书编写的过程中，得到了各参编人所在院校的鼓励和支持，全体编者在此表示深切的谢意。本书编写中参阅了大量的文献，在参考文献中一并列出。

由于编者水平有限，加之时间仓促，书中疏漏之处在所难免，敬请同行和读者及时指正，以便再版时修订。

编　者

目　　录

第1章 AutoCAD 概述

AutoCAD 是美国 Autodesk 公司开发的计算机辅助绘图软件,自 1982 年 AutoCAD V1.0 问世以来,先后经过多次升级,已发展为诸多版本。AutoCAD 2014 集平面作图、三维造型、数据库管理、渲染着色、互联网等功能于一体,具有高效、快捷、精确、简单、易用等特点,是工程设计人员首选的绘图软件之一。其主要应用于建筑制图、机械制图、园林设计、城市规划、电子、冶金和服装设计等诸多领域。

本章将概略地介绍 AutoCAD 2014 启动与退出的方法,界面的各个组成部分及其功能,图形文件的管理,数据的输入方法,图形的界限、单位、图层的设置,视图的显示控制及选择对象的方法等。

1.1 AutoCAD 2014 的启动与退出

1.1.1 AutoCAD 2014 的启动

启动 AutoCAD 2014 有很多种方法,这里只介绍常用的 3 种方法:

1. 通过桌面快捷方式

最简单的方法是直接用鼠标双击桌面上的 AutoCAD 2014 快捷方式图标,即可启动 AutoCAD 2014,进入 AutoCAD 2014 工作界面。

2. 通过【开始】菜单

从任务栏中,选择【开始】菜单,然后单击【所有程序】|【Autodesk】|【AutoCAD 2014-简体中文(Simplified Chinese)】中的 AutoCAD 2014 的可执行文件,也可以启动 AutoCAD 2014。

3. 通过文件目录启动 AutoCAD 2014

双击桌面上的【计算机】快捷方式,打开【计算机】对话框,通过 AutoCAD 2014 的安装路径,找到 AutoCAD 2014 的可执行文件,也可以打开 AutoCAD 2014。

1.1.2 AutoCAD 2014 的退出

退出 AutoCAD 2014 操作系统有很多种方法,下面介绍常用的几种方法:

(1)单击 AutoCAD 2014 界面右上角的 ✕ 按钮,退出 AutoCAD 系统。

(2)单击 AutoCAD 2014 界面左上角的 ▲ 按钮,选择【退出 Autodesk AutoCAD 2014】按钮,退出 AutoCAD 系统。

(3)按 Alt + F4 快捷键,退出 AutoCAD 系统。

(4)在命令行中输入 QUIT 或 EXIT 命令后单击 Enter 键。

注意:如果图形修改后尚未保存,则退出之前会出现图 1-1 所示的【系统警告】对话框。单击【是】按钮,系统将保存文件后退出;单击【否】按钮,系统将不保存文件;单击【取消】按钮，系统将取消执行的命令，返回到原 AutoCAD 2014 工作界面。

图 1-1 【系统警告】对话框

1.2 AutoCAD 2014 的界面简介

在启动 AutoCAD 2014 操作系统后，就进入如图 1-2 所示的工作界面，此界面包括快速访问工具栏、下拉菜单栏、选项卡及面板栏、绘图区、命令行窗口和状态栏等部分。

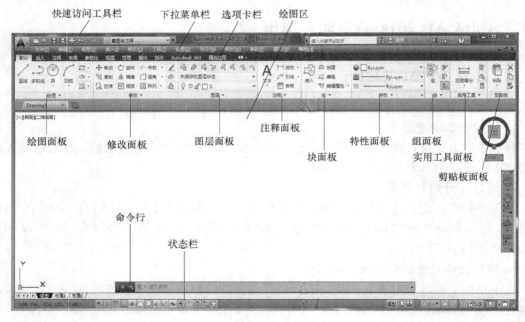

图 1-2 AutoCAD 2014 工作界面

1. 快速访问工具栏

快速访问工具栏位于 AutoCAD 2014 工作界面的最顶端，用于显示常用工具，包括【新建】、【打开】、【保存】、【另存为】、【打印】、【放弃】和【重做】等按钮。可以向快速访问工具栏添加无限多的工具，超出工具栏最大长度范围的工具会以弹出按钮显示。

2. 下拉菜单栏

下拉菜单栏包括【文件】、【编辑】、【视图】、【插入】、【格式】、【工具】、【绘图】、【标注】、【修改】、【参数】、【窗口】和【帮助】等 12 个主菜单项，每个主菜单下又包括子菜单。在展开的子菜单中存在一些带有"…"省略符号的菜单命令，表示如果选择该命令，将弹出一个相应的对话框；有的菜单命令右端有一个黑色小三角，表示选择该命令能够打开级联菜单；菜单项右边有"Ctrl + ?"快捷键的表示键盘快捷键，可以直接按下键盘快捷键执行相应的命令，比如同时按下 Ctrl + N 键能够弹出【选择样板】对话框。

3. 选项卡及面板栏

AutoCAD 2014 的界面中有【默认】、【插入】、【注释】、【布局】、【参数化】、【视图】、【管理】、【输出】、【插件】、【Autodesk 360】和【精选应用】选项卡，每一个选项卡包含一些常用的面板，用户可以通过面板方便地选择相应的命令进行操作。

4. 绘图区

位于屏幕中间的整个灰黑色区域是 AutoCAD 2014 的绘图区，也称为工作区域。默认设置下的工作区域是一个无限大的区域，可以按照图形的实际尺寸在绘图区内绘制各种图形。

绘图区可以改变成其他的颜色，方法如下：

（1）单击下拉菜单栏中的【工具】|【选项】命令，弹出【选项】对话框，选择【显示】选项卡，如图 1-3 所示。

（2）单击【显示】选项卡中【窗口元素】选项区域中的【颜色】按钮，弹出【图形窗口颜色】对话框，如图 1-4 所示。

（3）在【界面元素】下拉列表中选择要改变的界面元素，可改变任意界面元素的颜色，默认为【统一背景】。

（4）单击【颜色】下拉列表框，在展开的列表中选择【黑色】。

（5）单击【应用并关闭】按钮，返回【选项】对话框。

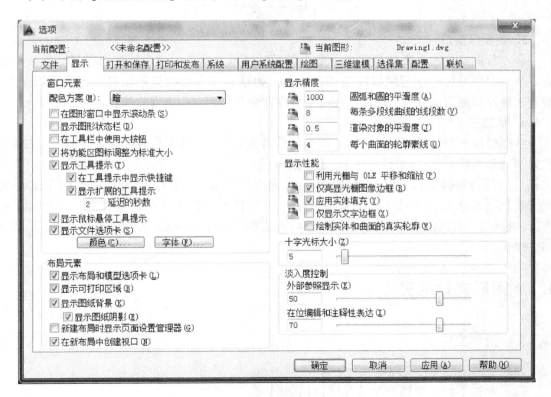

图 1-3 【选项】对话框

（6）单击【确定】按钮，将绘图区的颜色改为黑色。

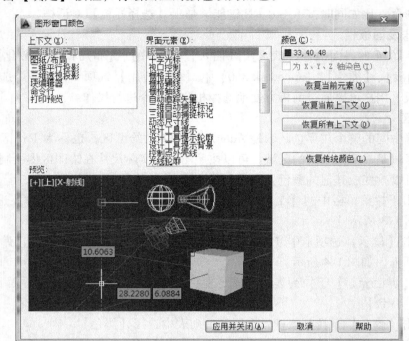

图 1-4 【图形窗口颜色】对话框

5. 命令行窗口

命令行窗口是输入命令名和显示命令提示的区域，默认的命令行窗口布置在绘图区下方。AutoCAD 通过命令行窗口反馈各种信息，如输入命令后的提示信息，包括错误信息、命令选项及其提示信息等。因此，应时刻关注在命令行窗口中出现的信息。

6. 状态栏

状态栏位于工作界面的最底部，左端显示当前十字光标所在位置的三维坐标值，右端依次显示【推断约束】、【捕捉模式】、【栅格显示】、【正交模式】、【极轴追踪】、【对象捕捉】、【三维对象捕捉】、【对象捕捉追踪】、【允许/禁止动态 UCS】、【动态输入】、【显示/隐藏线宽】、【显示隐藏透明度】、【快捷特性】、【选择循环】和【注视监视器】15 个辅助绘图工具按钮。当按钮处于亮显状态时，表示该按钮处于打开状态，再次单击该按钮，可关闭相应按钮。

1.3 图形文件的管理

1.3.1 新建文件

创建新的图形文件有以下几种方法：

（1）单击下拉菜单栏中的【文件】|【新建】命令。

（2）单击快速访问工具栏中的【新建】命令按钮 。

（3）在命令行中输入 NEW。

执行该命令后，将弹出如图 1-5 所示的【选择样板】对话框。选择默认的样板文件"acadiso. dwt"，单击【打开】按钮，将新建一个空白的文件。

图 1-5 【选择样板】对话框

1.3.2 打开文件

打开已有图形文件有以下几种方法：

（1）单击下拉菜单栏中的【文件】|【打开】命令。

（2）单击快速访问工具栏中的【打开】命令按钮 。

（3）在命令行中输入 OPEN。

执行该命令后，将弹出如图 1-6 所示的【选择文件】对话框。如果在文件列表中同时选择多个文件，单击【打开】按钮，可以同时打开多个图形文件。

1.3.3 存储文件

保存图形文件的方法如下：

（1）单击下拉菜单栏中的【文件】|【保存】命令。

（2）单击快速访问工具栏中的【保存】命令按钮 。

（3）在命令行中输入 SAVE。

执行该命令后，如果文件已命名，则 AutoCAD 自动保存；如果文件未命名，是第一次进行保存，系统将弹出如图 1-7 所示的【图形另存为】对话框。可以在【保存于】下拉列表框中选择盘符和文件夹，在文件列表框中选择文件的保存目录，在【文件名】文本框中输入文件名，并从【文件类型】下拉列表中选择保存文件的类型和版本格式，设置好后，单击【保存】命令按钮即可。

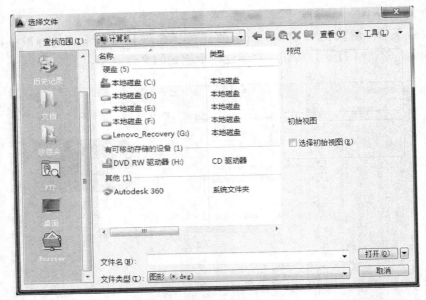

图 1-6 【选择文件】对话框

图 1-7 【图形另存为】对话框

1.3.4 另存文件

另存图形文件有以下几种方法：

（1）单击下拉菜单栏中的【文件】|【另存为】命令。

（2）单击快速访问工具栏中的【另存为】命令按钮 。

（3）在命令行中输入 SAVEAS。

执行该命令后，将弹出如图 1-7 所示的【图形另存为】对话框。可以在【保存于】下拉列表框中选择盘符和文件夹，在文件列表框中选择文件的保存目录，在【文件名】文本框中输入文件名，并从【文件类型】下拉列表中选择保存文件的类型和版本格式，设置好后，单击【保存】命令按钮即可。该命令可以将图形文件重新命名。

1.4 数据的输入方法

1. 点的输入

AutoCAD 提供了很多点的输入方法，下面介绍常用的几种：

（1）移动鼠标使十字光标在绘图区之内移动，到合适位置时单击鼠标左键在屏幕上直接取点。

（2）用目标捕捉方式捕捉屏幕上已有图形的特殊点，如端点、中点、圆心、交点、切点、垂足等。

（3）用鼠标拖拉出橡筋线确定方向，然后用键盘输入距离。

（4）用键盘直接输入点的坐标。

点的坐标通常有两种表示方法：直角坐标和极坐标。

1）直角坐标有两种输入方式：绝对直角坐标和相对直角坐标。绝对直角坐标以原点为参考点，表达方式为（X，Y）。相对直角坐标是相对于某一特定点而言的，表达方式为（@X，Y），表示该坐标值是相对于前一点而言的相对坐标。

2）极坐标也有两种输入方式：绝对极坐标和相对极坐标。绝对极坐标是以原点为极点，输入一个距离值和一个角度值即可指明绝对极坐标。它的表达方式为（L＜角度），其中 L 代表输入点到原点的距离。相对极坐标是以通过相对于某一特定点的极长距离和偏移角度来表示的，表达方式为（@L＜角度），其中@表示相对于，L 表示极长。

2. 距离的输入

在绘图过程中，有时需要提供长度、宽度、高度和半径等距离值。AutoCAD 提供了两种输入距离值的方式：一种是在命令行中直接输入距离值；另一种方法是在屏幕上拾取两点，以两点的距离确定所需的距离值。

1.5 绘图界限和单位设置

1. 设置绘图界限

在 AutoCAD 2014 中绘图，一般按照 1:1 的比例绘制。绘图界限可以控制绘图的范围，相当于手工绘图时图纸的大小。设置图形界限还可以控制栅格点的显示范围，栅格点在设置的图形界限范围内显示。

下面以 A3 图纸为例，假设出图比例为 1:100，绘图比例为 1:1，设置绘图界限的操作如下：

单击下拉菜单栏中的【格式】|【图形界限】命令，或者在命令行输入 LIMITS 命令，命令行提示如下：

命令:'_limits

重新设置模型空间界限：

指定左下角点或［开(ON)/关(OFF)］＜0.0000,0.0000＞：

                   //按 Enter 键,设置左下角点为系统默认的原点位置

指定右上角点 ＜420.0000,297.0000＞: 42000,29700

　　　　　　　　　　　　　　　　　//输入"42000,29700"并按 Enter 键
　　　　　　　　　　　　　　　　　//输入缩放命令快捷键 Z 并按 Enter 键

命令: z

ZOOM

指定窗口的角点,输入比例因子（nX 或 nXP）,或者

[全部（A）/中心（C）/动态（D）/范围（E）/上一个（P）/比例（S）/窗口（W）/对象（O）] ＜

实时＞: a

正在重生成模型。　　　　　　　　//输入 A 并按 Enter 键,选择"全部"选项

注意: 提示中的"[开（ON）/关（OFF）]"选项的功能是控制是否打开图形界限检查。选择"ON"时,系统打开图形界限的检查功能,只能在设定的图形界限内画图,系统拒绝输入图形界限外部的点。系统默认设置为"OFF",此时关闭图形界限的检查功能,允许输入图形界限外部的点。

2. 设置绘图单位

在绘图时应先设置图形的单位,即图上一个单位所代表的实际距离,设置方法如下:

单击下拉菜单栏中的【格式】|【单位】命令,或者在命令行输入 UNITS 或 UN,弹出【图形单位】对话框,如图 1-8 所示。

1）设置长度单位及精度

在【长度】选项区域中,可以从【类型】下拉列表框提供的 5 个选项中选择一种长度单位,还可以根据绘图的需要从【精度】下拉列表框中选择一种合适的精度。

2）设置角度的类型、方向及精度

在【角度】选项区域中,可以在【类型】下拉列表框中选择一种合适的角度单位,并根据绘图的需要在【精度】下拉列表框中选择一种合适的精度。【顺时针】复选框用来确定角度的正方向,当该复选框没有被选中时,系统默认角度的正方向为逆时针方向;当该复选框被选中时,表示以顺时针方向作为角度的正方向。

单击【方向】按钮,将弹出【方向控制】对话框,如图 1-9 所示。该对话框用来设置

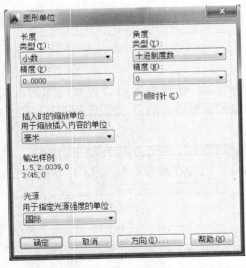

图 1-8 【图形单位】对话框

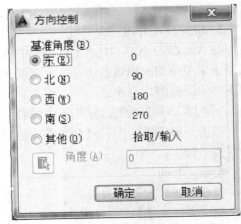

图 1-9 【方向控制】对话框

角度的 0°方向，默认以正东的方向为 0°角。

1.6 图层设置

图层是 AutoCAD 用来组织图形的重要工具之一，用来分类组织不同的图形信息。Auto-CAD 的图层可以被想象为一张透明的图纸，每一图层绘制一类图形，所有的图纸层叠在一起，就组成了一个 AutoCAD 的完整图形。

1. 图层的特点

（1）每个图层对应一个图层名。其中系统默认设置的图层是 "0" 层，该图层不能被删除。其余图层可以单击新建图层按钮 ⌹ 建立，数量不限。

（2）各图层具有相同的坐标系，每一图层对应一种颜色、一种线型。

（3）当前图层只有一层，且只能在当前图层绘制图形。

（4）图层具有打开、关闭、冻结、解冻、锁定和解锁等特征。

2. 【图层特性管理器】对话框

（1）打开【图层特性管理器】对话框的方法如下：

1）单击【图层】面板中的图层特性按钮 ⌹，弹出【图层特性管理器】对话框，如图 1-10 所示。

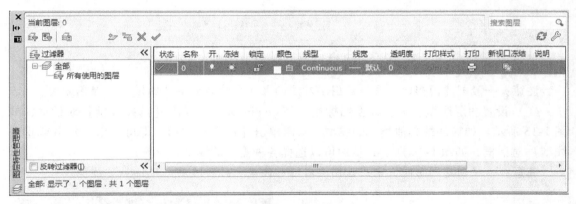

图 1-10 【图层特性管理器】对话框

2）单击下拉菜单栏中的【格式】|【图层】命令，可打开【图层特性管理器】对话框。

3）在命令行中直接输入图层命令 LAYER 或 LA，也可打开【图层特性管理器】对话框。

（2）打开 | 关闭按钮 ♀。系统默认该按钮处于打开状态，此时该图层上的图形可见。单击一下 ♀ 按钮，将变成关闭状态 ♀，此时该图层上的图形不可见，且不能被打印或由绘图仪输出。但重生成图形时，图层上的实体仍将重新生成。

（3）冻结 | 解冻按钮 ☀。该按钮也用于控制图层是否可见。当图层被冻结时，该图层上的实体不可见且不能被输出，也不能进行重生成、消隐和渲染等操作，可明显提高许多操作的处理速度；而解冻的图层是可见的，可进行上述操作。

（4）锁定 | 解锁按钮 ⌷。控制该图层上的实体是否可被修改。锁定图层上的实体不能

进行删除、复制等修改操作，但仍可见，可以在该图层上绘制新的图形。

（5）设置图层颜色。单击颜色图标按钮，如图 1-11 所示，可弹出【选择颜色】对话框，如图 1-12 所示，可以从中选择一种颜色作为图层的颜色。

图 1-11　设置图层颜色

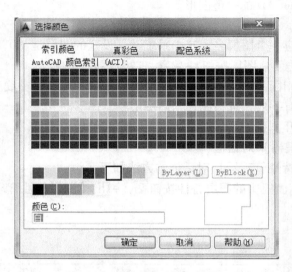

图 1-12　【选择颜色】对话框

注意：一般创建图形时，采用该图层对应的颜色，称为随层"Bylayer"颜色方式。

（6）设置图层线型。单击线型图标按钮"Continuous"，弹出【选择线型】对话框，如图 1-13 所示。如需加载其他类型的线型，只需单击【加载】按钮，即可弹出【加载或重载线型】对话框，如图 1-14 所示，从中可以选择各种需要的线型。

注意：一般创建图形时，采用该图层对应的线型，称为随层"Bylayer"线型方式。

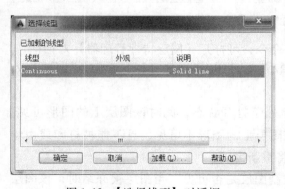

图 1-13　【选择线型】对话框

图 1-14　【加载或重载线型】对话框

（7）设置图层线宽。单击线宽图标按钮，弹出【线宽】对话框，从中可以选择该图层合适的线宽，如图 1-15 所示。

注意：单击下拉菜单栏中的【格式】|【线宽】命令，可弹出【线宽设置】对话框，如图 1-16 所示。默认线宽为 0.25mm，可以进行修改。

图 1-15 【线宽】对话框

图 1-16 【线宽设置】对话框

1.7 视图显示控制

在绘图时，为了能够更好地观看局部或全部图形，需要经常使用视图的缩放和平移等操作工具。

1. 视图的缩放

有 3 种输入命令的方式：

（1）在命令行中输入 ZOOM 或 Z 并按 Enter 键，命令行提示如下：

命令：ZOOM

指定窗口的角点，输入比例因子（nX 或 nXP），或者

［全部(A)/中心(C)/动态(D)/范围(E)/上一个(P)/比例(S)/窗口(W)/对象(O)］<实时>：

各选项的功能如下：

● 全部（A）：选择该选项后，显示窗口将在屏幕中间缩放显示整个图形界限的范围。如果当前图形的范围尺寸大于图形界限，将最大范围地显示全部图形。

● 中心（C）：此项选择将按照输入的显示中心坐标，来确定显示窗口在整个图形范围中的位置，而显示区范围的大小，则由指定窗口高度来确定。

● 动态（D）：该选项为动态缩放，通过构造一个视图框支持平移视图和缩放视图。

● 范围（E）：选择该选项可以将所有已编辑的图形尽可能大地显示在窗口内。

● 上一个（P）：选择该选项将返回前一视图。当编辑图形时，经常需要对某一小区域进行放大，以便精确设计，完成后返回原来的视图，不一定是全图。

● 比例（S）：该选项按比例缩放视图。比如：在"输入比例因子（nX 或 nXP）："提示下，如果输入 0.5x，表示将屏幕上的图形缩小为当前尺寸的一半；如果输入 2x，表示使图形放大为当前尺寸的二倍。

● 窗口（W）：该选项用于尽可能大地显示由两个角点所定义的矩形窗口区域内的图像。此选项为系统默认的选项，可以在输入 ZOOM 命令后，不选择"W"选项，而直接用鼠标在绘图区内指定窗口以局部放大。

● 对象（O）：该选项可以尽可能大地在窗口内显示选择的对象。

● 实时：选择该选项后，在屏幕内上下拖动鼠标，可以连续地放大或缩小图形。此选项为系统默认的选项，直接按 Enter 键即可选择该选项。

（2）单击【视图】选项卡【二维导航】面板中范围按钮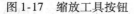右侧的下三角号，弹出各个视图缩放控制按钮，如图 1-17 所示，各按钮功能同上。

（3）选择下拉菜单栏中的【视图】|【缩放】子菜单，打开其级联菜单，如图 1-18 所示，各命令功能同上。

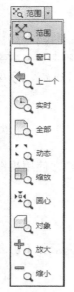

图 1-17　缩放工具按钮

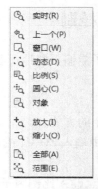

图 1-18　缩放下拉菜单栏

2. 视图的平移

有 3 种输入命令的方式：

（1）在命令行中键入 PAN 或 P 并按 Enter 键，此时，鼠标指针变成手形，按住鼠标左键在绘图区内上下左右移动鼠标，即可实现图形的平移。

（2）单击【视图】选项卡【二维导航】面板中的　平移按钮，也可输入平移命令。

（3）单击下拉菜单栏中的【视图】|【平移】|【实时】命令，也可输入平移命令。

注意：各种视图的缩放和平移命令在执行过程中均可以按 Esc 键提前结束命令。

1.8　选择对象

1. 执行编辑命令

执行编辑命令有两种方法：

（1）先输入编辑命令，在"选择对象"提示下，再选择合适的对象。

（2）先选择对象，所有选择的对象以夹点状态显示，再输入编辑命令。

2. 构造选择集的操作

在选择对象过程中，选中的对象呈虚线亮显状态。选择对象的方法如下：

（1）使用拾取框选择对象。例如，要选择圆形，在圆形的边线上单击左键即可。

（2）指定矩形选择区域：在"选择对象"提示下，单击左键拾取两点作为矩形的两个对角点，如果第二个角点位于第一个角点的右边，窗口以实线显示，叫作"W 窗口"，此时，完全包含在窗口之内的对象被选中；如果第二个角点位于第一个角点的左边，窗口以虚线显示，叫作"C 窗口"，此时完全包含于窗口之内的对象以及与窗口边界相交的所有对象均被选中。

（3）F（Fence）：栏选方式，即可以画多条直线，直线之间可以与自身相交，凡与直线相交的对象均被选中。

（4）P（Previous）：前次选择集方式，可以选择上一次选择集。

（5）R（Remove）：删除方式，用于把选择集由加入方式转换为删除方式，可以删除误选到选择集中的对象。

（6）A（Add）：添加方式，把选择集由删除方式转换为加入方式。

（7）U（Undo）：放弃前一次选择操作。

1.9 对象捕捉工具

在绘制图形时，可以使用直角坐标和极坐标精确定位点，但是对于所需要找到的如端点、交点、中心点等的坐标是未知的，要想精确地找到这些点是很难的。AutoCAD 2014 提供的精确定位工具，可以很容易在屏幕上捕捉到这些点，从而进行精确、快速的绘图。

对象捕捉是一种特殊点的输入方法，该操作不能单独进行，只有在执行某个命令需要指定点时才能调用。在 AutoCAD 2014 中，系统提供的对象捕捉类型见表 1-1。

表 1-1 AutoCAD 对象捕捉方式

捕捉类型	表示方式	命令方式
端点捕捉	□	END
中点捕捉	△	MID
圆心捕捉	○	CEN
节点捕捉	⊗	NOD
象限点捕捉	◇	QUA
交点捕捉	×	INT
延伸捕捉	⋯	EXT
插入点捕捉	⌐	INS
垂足捕捉	⌐	PER

（续）

捕捉类型	表示方式	命令方式
切点捕捉	○	TAN
最近点捕捉	⊠	NEA
外观交点捕捉	⊠	APPINT
平行捕捉	//	PAR

启用对象捕捉方式的常用方法如下：

（1）打开【对象捕捉】工具栏，在工具栏中选择相应的捕捉方式即可，如图 1-19 所示。

（2）在命令行中直接输入所需对象捕捉命令的英文缩写。

（3）在状态栏上右键单击对象捕捉按钮，打开快捷菜单进行选择，如图 1-20 所示。

（4）在绘图区中按住 Shift 键再单击右键，从弹出的快捷菜单中选择相应的捕捉方式，如图 1-21 所示。

图 1-19 【对象捕捉】工具栏

图 1-20 状态栏对象捕捉按钮快捷菜单

图 1-21 对象捕捉快捷菜单

以上自动捕捉设置方式可同时设置一种以上捕捉模式，当不止一种模式启用时，Auto CAD 会根据其对象类型来选用模式。如在捕捉框中不止一个对象，且它们相交，则"交点"模式优先。圆心、交点、端点模式是绘图中最有用的组合，该组合可找到用户所需的大多数捕捉点。

本章小结

　　本章简单介绍了 AutoCAD 2014 的启动和退出的方法，详细讲解了 AutoCAD 2014 界面的各个组成部分及其功能，新建、打开、存储文件和另存文件的方法，阐述了数据的几种输入方式。本章还介绍了绘图的界限、单位、图层的设置方法，视图的显示控制、选择对象的方法，对象捕捉的使用方法，这部分内容可以使初学者很好地认识 AutoCAD 的基本功能，快速掌握其操作方法，对于快速绘图也起到一定的铺垫作用。

1.10　思考题与练习题

1. 思考题

（1）如何启动和退出 AutoCAD 2014？

（2）AutoCAD 2014 的界面由哪几部分组成？

（3）如何保存 AutoCAD 文件？

（4）绘图界限有什么作用？如何设置绘图界限？

（5）常用的构造选择集操作有哪些？

2. 将左侧的命令与右侧的功能连接起来

SAVE	打开
OPEN	新建
NEW	保存
LAYER	缩放
LIMITS	图层
UNITS	绘图界限
PAN	平移
ZOOM	绘图单位

3. 选择题

（1）以下 AutoCAD 2014 的退出方式中，不正确的是（　　）。

A. 单击 AutoCAD 2014 界面右上角的 ✕ 按钮，退出 AutoCAD 系统。

B. 单击下拉菜单栏中的【文件】|【退出】命令，退出 AutoCAD 系统

C. 按 Alt + F4 快捷键，退出 AutoCAD 系统

D. 在命令行中键入 QUIT 或 EXIT 命令后按 Enter 键

（2）设置图形单位的命令是（　　）。

A. SAVE

B. LIMITS

C. UNITS

D. LAYER

（3）在 ZOOM 命令中，E 选项的含义是（　　）。

A. 拖动鼠标连续地放大或缩小图形

B. 尽可能大地在窗口内显示已编辑图形

C. 通过两点指定一个矩形窗口放大图形

D. 返回前一次视图

（4）处于（　　　）中的图形对象不能被删除。

A. 锁定的图层

B. 冻结的图层

C. 0 图层

D. 当前图层

（5）坐标值@200，100 属于（　　　）表示方法。

A. 绝对直角坐标

B. 相对直角坐标

C. 绝对极坐标

D. 相对极坐标

第 2 章　AutoCAD 二维绘图命令

任何复杂的图形都是由直线、圆、圆弧等基本的二维图形组合而成的，这些基本的二维图形形状简单，容易创建，掌握它们的绘制方法是学习 AutoCAD 的基础。本章将通过实例详细讲解二维基本绘图命令的使用方法和技巧。

2.1　直线命令

直线是最基本的图形元素，运用直线命令可以绘制直线段、折线段或闭合多边形，其中每一线段均为一个单独的对象。

1. 输入命令

单击【绘图】面板中的【直线】命令按钮 ✏，或选择菜单【绘图】|【直线】，或键盘输入直线命令 LINE 或 L 并按 Enter 键，均可以输入直线命令。

2. 命令行提示信息

命令：_line
指定第一个点：　　　　　　　　　　　//输入直线起点
指定下一点或［放弃(U)］：　　　　　　//输入直线第二个点
指定下一点或［放弃(U)］：　　　　　　//输入直线第三个点
指定下一点或［闭合(C)/放弃(U)］：　　//输入直线第四个点
……
指定下一点或［闭合(C)/放弃(U)］：　　//按 Enter 键,结束命令

3. 选项含义

（1）放弃（U）：放弃刚画的一段直线，回退到上一点，继续绘制直线。
（2）闭合（C）：连接当前点和起点绘制直线，使图形闭合，并结束直线命令。

4. 实例

以花坛平面图为例，讲解直线命令的使用方法，绘制结果如图 2-1 所示。

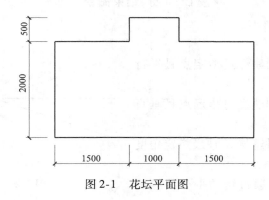

图 2-1　花坛平面图

步骤：

（1）双击 Windows 桌面上的 AutoCAD 2014 中文版图标，打开 AutoCAD 2014。

（2）单击【绘图】面板中的【直线】命令按钮 ⁄，命令行提示如下：

命令：_line

指定第一个点：   //在绘图区内任意一点单击左键

指定下一点或［放弃(U)］：1500   //沿水平向右极轴方向输入长度 1500 并按 Enter 键

指定下一点或［放弃(U)］：500   //沿垂直向上极轴方向输入长度 500 并按 Enter 键

指定下一点或［闭合(C)/放弃(U)］：1000//沿水平向右极轴方向输入长度 1000 并按 Enter 键

指定下一点或［闭合(C)/放弃(U)］：500   //沿垂直向下极轴方向输入长度 500 并按 Enter 键

指定下一点或［闭合(C)/放弃(U)］：1500//沿水平向右极轴方向输入长度 1500 并按 Enter 键

指定下一点或［闭合(C)/放弃(U)］：2000//沿垂直向下极轴方向输入长度 2000 并按 Enter 键

指定下一点或［闭合(C)/放弃(U)］：4000//沿水平向左极轴方向输入长度 4000 并按 Enter 键

指定下一点或［闭合(C)/放弃(U)］：   //输入 C 并按 Enter 键

绘制结果如图 2-1 所示。

2.2 构造线命令

构造线是两端无限延长的直线，没有起点和终点，主要用于绘制辅助线。

1. 输入命令

单击【绘图】面板中的【构造线】命令按钮 ⁄，或选择菜单【绘图】|【构造线】，或键盘输入构造线命令 XLINE 或 XL 并按 Enter 键，均可以输入构造线命令。

2. 命令行提示信息

命令：_xline

指定点或［水平(H)/垂直(V)/角度(A)/二等分(B)/偏移(O)］：   //指定构造线第一个点 1(根点)

指定通过点：   //指定构造线第二个点 2(通过点)

指定通过点：   //指定构造线第三个点 3(通过点)

指定通过点：   //指定构造线第四个点 4(通过点)

指定通过点：   //按 Enter 键,结束命令

绘制结果如图 2-2 所示。

3. 选项含义

（1）水平（H）：创建经过指定点且平行于 X 轴的构造线。

（2）垂直（V）：创建经过指定点且垂直于 X 轴的构造线。

（3）角度（A）：创建与 X 轴成指定角度的构造线。

（4）二等分（B）：通过角的平分线绘制

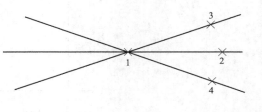

图 2-2 绘制构造线

构造线。需要分别指定角的顶点、起点和端点。

（5）偏移（O）：创建平行于指定基线的构造线。需要先输入偏移距离，再选择基线，然后指定构造线位于基线的哪一侧。

4. 实例

作三角形 ABC 的角平分线。

步骤：

（1）双击 Windows 桌面上的 AutoCAD 2014 中文版图标，打开 AutoCAD 2014。

（2）单击【绘图】面板中的【直线】命令按钮 ╱，命令行提示如下：

命令：_line

指定第一个点：   //在绘图区内任意一点单击左键确定点 A

指定下一点或［放弃（U）］：   //合适位置单击左键确定点 B

指定下一点或［放弃（U）］：   //合适位置单击左键确定点 C

指定下一点或［闭合（C）/放弃（U）］： //输入 C 并按 Enter 键

绘制结果如图 2-3 所示。

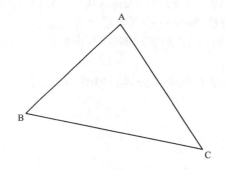

图 2-3 绘制三角形

（3）单击【绘图】面板中的【构造线】命令按钮 ╱，命令行提示如下：

命令：_xline

指定点或［水平（H）/垂直（V）/角度（A）/二等分（B）/偏移（O）］：b //输入 B 并按 Enter 键，选择"二等分"选项

指定角的顶点： ＜对象捕捉 开＞   //捕捉端点 A（图 2-3）

指定角的起点：   //捕捉端点 B

指定角的端点：   //捕捉端点 C

指定角的端点：   //按 Enter 键，结束命令

绘制结果如图 2-4 所示。

（4）单击【修改】面板中的【修剪】命令按钮 ╱，命令行提示如下：

TRIM

当前设置：投影 = UCS，边 = 无

选择剪切边 …

选择对象或 ＜全部选择＞：   //按 Enter 键，设置相邻边为剪切边

选择要修剪的对象，或按住 Shift 键选择要延伸的对象，或

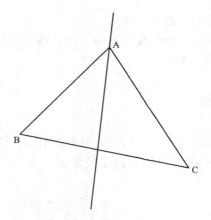

图 2-4　绘制构造线

［栏选(F)/窗交(C)/投影(P)/边(E)/删除(R)/放弃(U)］://选择角 A 外侧的构造线
选择要修剪的对象,或按住 Shift 键选择要延伸的对象,或
［栏选(F)/窗交(C)/投影(P)/边(E)/删除(R)/放弃(U)］://选择 BC 边外侧的构造线
选择要修剪的对象,或按住 Shift 键选择要延伸的对象,或
［栏选(F)/窗交(C)/投影(P)/边(E)/删除(R)/放弃(U)］://按 Enter 键
绘制结果如图 2-5 所示。

（5）同样,绘制角 B 和角 C 的角平分线,如图 2-6 所示。

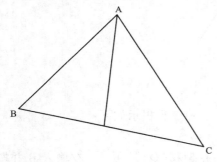

图 2-5　修剪构造线

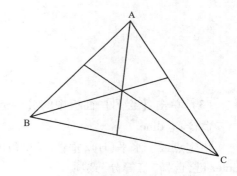

图 2-6　角平分线绘制结果

2.3　射线命令

射线是一端固定,另一端无限延长的线,主要用于绘制辅助线。

1. 输入命令

选择菜单【绘图】|【射线】,或键盘输入射线命令 RAY 并按 Enter 键,均可以输入射线命令。

2. 命令行提示信息

命令：_ray 指定起点：　　//指定射线的端点 5

指定通过点：　　　　　　//指定射线的通过点 6

指定通过点：　　　　//指定射线的通过点 7

指定通过点：　　　　//指定射线的通过点 8

指定通过点：　　　　//按 Enter 键,结束命令

绘制结果如图 2-7 所示。

图 2-7　绘制射线

2.4　矩形命令

矩形命令可以绘制长方形。

1. 输入命令

单击【绘图】面板中的【矩形】命令按钮▭,或选择菜单【绘图】|【矩形】,或键盘输入矩形命令 RECTANG 或 REC 并按 Enter 键,均可以输入矩形命令。

2. 命令行提示信息

命令：_rectang

指定第一个角点或［倒角（C）/标高（E）/圆角（F）/厚度（T）/宽度（W）］：　//指定矩形第一个角点

指定另一个角点或［面积（A）/尺寸（D）/旋转（R）］：　//指定矩形另一个角点

3. 选项含义

（1）倒角（C）：通过指定倒角距离绘制带有倒角的矩形。

（2）标高（E）：指定矩形所在的平面高度,一般用于三维绘图。

（3）圆角（F）：通过指定圆角半径绘制带有圆角的矩形。

（4）厚度（T）：绘制带有厚度的矩形,一般用于三维绘图。

（5）宽度（W）：指定矩形的线宽。

（6）面积（A）：基于矩形的面积和其中一边的长度创建矩形。

（7）尺寸（D）：输入矩形的长度和宽度绘制矩形。

（8）旋转（R）：指定矩形的旋转角度。

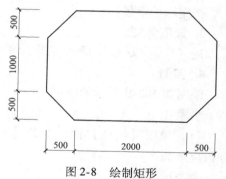

图 2-8　绘制矩形

4. 实例

绘制如图 2-8 所示的矩形。

步骤：

单击【绘图】面板中的【矩形】命令按钮▭,命令行提示如下：

命令：RECTANG

指定第一个角点或［倒角（C）/标高（E）/圆角（F）/厚度（T）/宽度（W）］：w　//输入 W 并按 Enter 键,选择"宽度"选项

指定矩形的线宽 ＜0.0000＞：20　　　　//输入 20 并按 Enter 键,设置矩形线宽为 20

指定第一个角点或［倒角（C）/标高（E）/圆角（F）/厚度（T）/宽度（W）］：c　//输入 C 并按 Enter 键,选择"倒角"选项

指定矩形的第一个倒角距离 ＜0.0000＞：500　　//输入 500 并按 Enter 键

指定矩形的第二个倒角距离 <500.0000>：500　　　　//输入 500 并按 Enter 键

指定第一个角点或［倒角（C）/标高（E）/圆角（F）/厚度（T）/宽度（W）］：　//在绘图区内任意位置指定一点

指定另一个角点或［面积（A）/尺寸（D）/旋转（R）］：d　　　//输入 D 并按 Enter 键,选择"尺寸"选项

指定矩形的长度 <2000.0000>：3000　　　　　　//输入 3000 并按 Enter 键

指定矩形的宽度 <1400.0000>：2000　　　　　　//输入 2000 并按 Enter 键

指定另一个角点或［面积（A）/尺寸（D）/旋转（R）］：

//在合适位置单击左键,确定矩形方向

绘制结果如图 2-8 所示。

2.5　多边形命令

多边形命令可以绘制正多边形,如正五边形等。

1. 输入命令

单击【绘图】面板中的【多边形】命令按钮⬠,或选择菜单【绘图】|【多边形】,或键盘输入多边形命令 POLYGON 或 POL 并按 Enter 键,均可以输入多边形命令。

2. 命令行提示信息

命令：_polygon 输入侧面数 <4>：　　　//输入多边形的边数

指定正多边形的中心点或［边（E）］：　　　//指定正多边形的中心点位置

输入选项［内接于圆（I）/外切于圆（C）］<I>：　　　//选择内接于圆或外切于圆选项

指定圆的半径：　　　　　　　　　　//指定圆的半径值

3. 选项含义

边（E）：以指定的两个点作为多边形的一条边的两个端点来绘制多边形。

4. 实例

绘制如图 2-9 所示的图形。

步骤：

（1）单击【绘图】面板中的【圆】命令按钮⊙,命令行提示如下：

命令：_circle

指定圆的圆心或［三点（3P）/两点（2P）/切点、切点、半径（T）］：//在绘图区任意位置指定一点作为圆的圆心

指定圆的半径或［直径（D）］：1000　　　//输入 1000 并按 Enter 键,设置圆的半径

（2）单击【绘图】面板中的【多边形】命令按钮⬠,命令行提示如下：

命令：_polygon 输入侧面数 <4>：6　　　//输入 6 并按 Enter 键,设置多边形的侧面数为 6

指定正多边形的中心点或［边（E）］：　　　//捕捉圆的圆心为正多边形的中心点,如图 2-

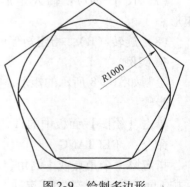

图 2-9　绘制多边形

10 所示

　　输入选项［内接于圆（I）/外切于圆（C）］＜I＞：I　　　//输入 I 并按 Enter 键,选择"内接于圆"选项

　　指定圆的半径：1000　　　　　　　　//输入 1000 并按 Enter 键,结果如图 2-11 所示

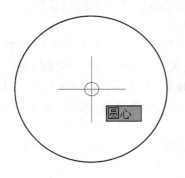

图 2-10　捕捉圆心

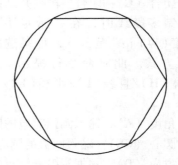

图 2-11　绘制正六边形

　　（3）单击【绘图】面板中的【多边形】命令按钮⬠,命令行提示如下：

　　命令：_polygon 输入侧面数 ＜6＞：5　　//输入 5 并按 Enter 键,设置多边形的侧面数为 5

　　指定正多边形的中心点或［边（E）］：　　//捕捉圆的圆心为正多边形的中心点

　　输入选项［内接于圆（I）/外切于圆（C）］＜I＞：C　　　//输入 C 并按 Enter 键,选择"外切于圆"选项

　　指定圆的半径：1000　　　　　　　　//输入 1000 并按 Enter 键

　　结果如图 2-9 所示。

2.6　多段线命令

　　多段线是由多个直线段和圆弧段相连成的一个单一对象，还可以绘制不同宽度和宽度渐变的直线和圆弧。

1. 输入命令

　　单击【绘图】面板中的【多段线】命令按钮⤴,或选择菜单【绘图】|【多段线】，或键盘输入多段线命令 PLINE 或 PL 并按 Enter 键，均可以输入多段线命令。

2. 命令行提示信息

　　指定起点：　　　　　　　　　　　　//指定多段线的起始点

　　当前线宽为 0.0000

　　指定下一个点或［圆弧（A）/半宽（H）/长度（L）/放弃（U）/宽度（W）］：　　//指定下一个点

　　指定下一点或［圆弧（A）/闭合（C）/半宽（H）/长度（L）/放弃（U）/宽度（W）］：　//指定下一个点

3. 选项含义

（1）圆弧（A）：由绘制直线方式转换为绘制圆弧方式。

（2）半宽（H）：设置多段线线宽的一半值。

（3）长度（L）：指定绘制直线段的长度。如果上一次绘制对象为直线，则沿上一次直线方向继续绘制直线；如果上一次绘制对象为圆弧，则该直线段的方向为上一圆弧端点的切线方向。

（4）宽度（W）：设置多段线的宽度，可分别设置起点宽度和终点宽度。

（5）闭合（C）：闭合多段线并结束命令。

在绘制多段线时，在"指定下一个点或［圆弧（A）/半宽（H）/长度（L）/放弃（U）/宽度（W）］:"提示下，如果选择"圆弧（A）"选项，将由绘制直线方式切换为绘制圆弧方式。此时命令行提示"指定圆弧的端点或［角度（A）/圆心（CE）/方向（D）/半宽（H）/直线（L）/半径（R）/第二个点（S）/放弃（U）/宽度（W）］"，各选项含义如下：

（1）角度（A）：输入圆弧对应的圆心角绘制圆弧。

（2）圆心（CE）：输入圆弧的圆心位置。

（3）方向（D）：根据圆弧起始点的切线方向绘制圆弧。

（4）半宽（H）：设置多段线的宽度的一半值。

（5）直线（L）：由绘制圆弧方式切换为绘制直线方式。

（6）半径（R）：根据圆弧的半径绘制多段线。

（7）第二个点（S）：指定圆弧上的第二个点，通过3点画弧方式绘制多段线圆弧。

（8）放弃（U）：取消上一次操作。

（9）宽度（W）：设置多段线圆弧的宽度，可分别设置起点宽度和终点宽度。

4. 实例

绘制如图2-12所示的箭头。

步骤：

单击【绘图】面板中的【多段线】命令按钮 ，命令行提示如下：

图2-12　绘制多段线

命令:_pline

指定起点: //在绘图区内任意一点单击

当前线宽为 0.0000

指定下一个点或［圆弧（A）/半宽（H）/长度（L）/放弃（U）/宽度（W）］: w

　　　　　　　　　　　　　　　　//输入 W 并按 Enter 键,选择"宽度"选项

指定起点宽度 ＜0.0000＞: 50   //输入 50 并按 Enter 键

指定端点宽度 ＜50.0000＞:   //按 Enter 键,取默认值 50

指定下一个点或［圆弧（A）/半宽（H）/长度（L）/放弃（U）/宽度（W）］: 1000

　　　　　　　//沿水平向右极轴方向输入距离值 1000 并按 Enter 键

指定下一点或［圆弧（A）/闭合（C）/半宽（H）/长度（L）/放弃（U）/宽度（W）］: a

　　　　　　　//输入 A 并按 Enter 键,由绘制直线转为绘制圆弧

指定圆弧的端点或

［角度（A）/圆心（CE）/闭合（CL）/方向（D）/半宽（H）/直线（L）/半径（R）/第二个点

（S）/放弃（U）/

宽度（W）]：500　　　　　　　　　//沿垂直向下极轴方向输入距离值 500 并按 Enter 键

指定圆弧的端点或

［角度（A）/圆心（CE）/闭合（CL）/方向（D）/半宽（H）/直线（L）/半径（R）/第二个点

（S）/放弃（U）|

宽度（W）]：l　　　　　　　　//输入 L 并按 Enter 键,由绘制圆弧转为绘制直线

指定下一点或［圆弧（A）/闭合（C）/半宽（H）/长度（L）/放弃（U）/宽度（W）]：w

//输入 W 并按 Enter 键设置箭头线宽

指定起点宽度 <50.0000>：100　　　　　　//输入起点宽度 100 并按 Enter 键

指定端点宽度 <100.0000>：0　　　　　//输入终点宽度 0 并按 Enter 键

指定下一点或［圆弧（A）/闭合（C）/半宽（H）/长度（L）/放弃（U）/宽度（W）]：250

//沿水平向左极轴方向输入距离值 250 并按 Enter 键

指定下一点或［圆弧（A）/闭合（C）/半宽（H）/长度（L）/放弃（U）/宽度（W）]：

//按 Enter 键,结束命令

绘制结果如图 2-12 所示。

2.7　圆命令

AutoCAD 中的圆命令可以绘制定位轴线标号等图形。

1. 输入命令

单击【绘图】面板中【圆】命令按钮下侧的下三角号，如图 2-13 所示，选择相应的选项，或选择菜【绘图】|【圆】中相应的命令，如图 2-14 所示，或键盘输入圆命令 CIR-CLE 或 C 并按 Enter 键，均可以输入圆命令。

图 2-13　【圆】命令按钮

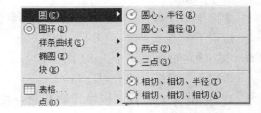

图 2-14　【圆】命令菜单

2. 命令行提示信息

（1）圆心、半径选项。单击【绘图】面板中【圆】命令按钮下侧的下三角号，选择

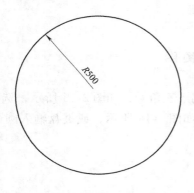【圆心、半径】选项，如图 2-13 所示，命令行提示如下：

命令： CIRCLE

指定圆的圆心或［三点(3P)/两点(2P)/切点、切点、半径(T)］：   //在绘图区合适位置单击左键，确定圆的圆心

指定圆的半径或［直径(D)］：500   //输入圆半径 500 并按 Enter 键

绘制结果如图 2-15 所示。

（2）圆心、直径选项。单击【绘图】面板中【圆】命令按钮下侧的下三角号，选择

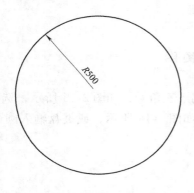【圆心、直径】选项，如图 2-13 所示，命令行提示如下：

命令：_circle

指定圆的圆心或［三点(3P)/两点(2P)/切点、切点、半径(T)］：   //在绘图区合适位置单击左键，确定圆的圆心

指定圆的半径或［直径(D)］＜500.0000＞：_d

指定圆的直径 ＜1000.0000＞：800

        //输入圆直径 800 并按 Enter 键

绘制结果如图 2-16 所示。

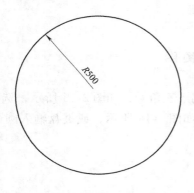

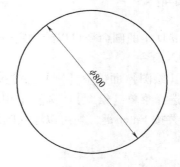

图 2-15　圆心、半径选项画圆   图 2-16　圆心、直径选项画圆

（3）两点选项

1）单击【绘图】面板中的【直线】命令按钮，命令行提示如下：

命令：_line

指定第一个点： //在绘图区任意位置单击左键，确定直线第一点 A（图 2-17）

指定下一点或［放弃(U)］：900 //沿水平向右极轴方向输入直线长度 900 并按 Enter 键，确定直线第二个点 B（图 2-17）

指定下一点或［放弃(U)］：   //按 Enter 键，结束命令

2）单击【绘图】面板中【圆】命令按钮下侧的下三角号，选择【两点】选项，如图 2-13 所示，命令行提示如下：

命令：_circle

指定圆的圆心或［三点(3P)/两点(2P)/切点、切点、半径(T)］：_2p

指定圆直径的第一个端点：   //捕捉直线端点 A（图 2-17）

指定圆直径的第二个端点：　　　　　　　　//捕捉直线端点 B(图 2-17)

绘制结果如图 2-17 所示。

（4）三点选项。运用直线命令在绘图区绘制任意三角形 CDE，如图 2-18 所示。

单击【绘图】面板中【圆】命令按钮◎下侧的下三角号，选择◎三点【三点】选项，如图 2-13 所示，命令行提示如下：

命令：_circle

指定圆的圆心或［三点(3P)/两点(2P)/切点、切点、半径(T)］：_3p

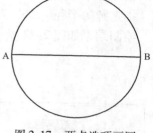

图 2-17　两点选项画圆

指定圆上的第一个点：　　　　　　//捕捉 C 点

指定圆上的第二个点：　　　　　　//捕捉 D 点

指定圆上的第三个点：　　　　　　//捕捉 E 点

绘制结果如图 2-19 所示。

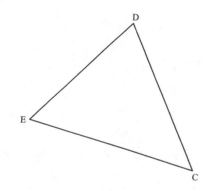

图 2-18　绘制三角形

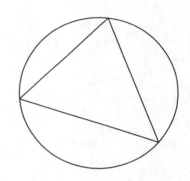

图 2-19　三点选项画圆

（5）相切、相切、半径选项

1）单击【绘图】面板中的【矩形】命令按钮▭，命令行提示如下：

命令：_rectang

指定第一个角点或［倒角(C)/标高(E)/圆角(F)/厚度(T)/宽度(W)］：　　//在绘图区任意位置单击左键,确定矩形的第一个角点

指定另一个角点或［面积(A)/尺寸(D)/旋转(R)］：d　　//输入 D 并按 Enter 键,选择"尺寸"选项

指定矩形的长度 <10.0000>：2000　　　　//输入矩形的长度 2000 并按 Enter 键

指定矩形的宽度 <10.0000>：1000　　　　//输入矩形的宽度 1000 并按 Enter 键

指定另一个角点或［面积(A)/尺寸(D)/旋转(R)］：　　//在合适方向单击左键

2）单击【绘图】面板中【圆】命令按钮◎下侧的下三角号，选择◎相切,相切,半径【相切、相切、半径】选项，如图 2-13 所示，命令行提示如下：

命令：_circle

指定圆的圆心或 ［三点(3P)/两点(2P)/切点、切点、半径(T)］：_ttr

指定对象与圆的第一个切点：　　//在矩形上边切点位置附近单击左键,如图 2-20 所示

指定对象与圆的第二个切点：　　//在矩形左边切点位置附近单击左键,如图 2-21 所示

指定圆的半径 ＜532.7332＞：400　　//输入 400 并按 Enter 键

绘制结果如图 2-22 所示。

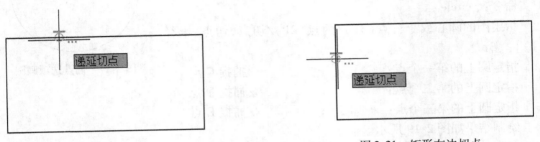

图 2-20　矩形上边切点　　　　　　　　　　　图 2-21　矩形左边切点

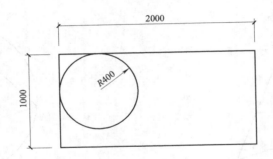

图 2-22　相切、相切、半径选项画圆

(6) 相切、相切、相切选项

1) 单击【绘图】面板中的【矩形】命令按钮 □，命令行提示如下：

命令：_rectang

指定第一个角点或 ［倒角(C)/标高(E)/圆角(F)/厚度(T)/宽度(W)］：　　//在绘图区任意位置单击左键,确定矩形的第一个角点

指定另一个角点或 ［面积(A)/尺寸(D)/旋转(R)］：d　　//输入 D 并按 Enter 键,选择"尺寸"选项

指定矩形的长度 ＜10.0000＞：1500　　　　　　　　　　//输入矩形的长度 1500 并按 Enter 键

指定矩形的宽度 ＜10.0000＞:800　　　　　　　　　　//输入矩形的宽度 800 并按 Enter 键

指定另一个角点或 ［面积(A)/尺寸(D)/旋转(R)］：　　//在合适方向单击左键

2)单击【绘图】面板中【圆】命令按钮 下侧的下三角号,选择 相切,相切,相切【相切、相切、相切】选项,如图 2-23 所示,命令行提示如下：

命令：_circle

指定圆的圆心或［三点(3P)/两点(2P)/切点、切点、半径(T)］：_3p

指定圆上的第一个点：_tan 到　　//在矩形上边切点位置附近单击左键

指定圆上的第二个点：_tan 到　　//在矩形左边切点位置附近单击左键

指定圆上的第三个点：_tan 到　　//在矩形下边切点位置附近单击左键

绘图结果如图 2-23 所示。

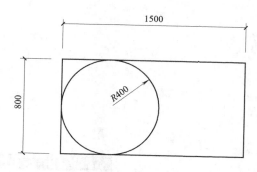

图 2-23　相切、相切、相切选项画圆

2.8　圆弧命令

圆弧的绘制方法和圆的绘制方法有很多相似之处，圆弧除了圆心和半径两个参数外，还有起点、端点、圆心包含角等很多参数，因此绘制方法比较复杂，共 11 种。

1. 输入命令

单击【绘图】面板中【圆弧】命令按钮 下侧的下三角号，如图 2-24 所示，选择相应的选项，或选择菜单【绘图】|【圆弧】中相应的命令，如图 2-25 所示，或键盘输入圆弧命令 ARC 或 A 并按 Enter 键，均可以输入圆弧命令。

2. 命令行提示信息

（1）起点、圆心、端点选项

1）单击【绘图】面板中的【直线】命令按钮 ，命令行提示如下：

命令：_line

指定第一个点：　　　　　//在绘图区任意一点单击左键,确定直线第一点 A

指定下一点或［放弃(U)］：1000　　//沿垂直向下极轴方向输入 1000 并按 Enter 键确定点 B

指定下一点或［放弃(U)］：1000　　//沿水平向右极轴方向输入 1000 并按 Enter 键确定点 C

绘制结果如图 2-26 所示。

2）单击【绘图】面板中【圆弧】命令按钮 下侧的下三角号，选择 起点,圆心,端点【起点、圆心、端点】选项，如图 2-24 所示，命令行提示如下：

命令：_arc

圆弧创建方向：逆时针（按住 Ctrl 键可切换方向）。

指定圆弧的起点或［圆心（C）］： //捕捉 C 点

指定圆弧的第二个点或［圆心（C）/端点（E）］：_c

指定圆弧的圆心： //捕捉 B 点

指定圆弧的端点或［角度（A）/弦长（L）］： //捕捉 A 点

绘制结果如图 2-27 所示。

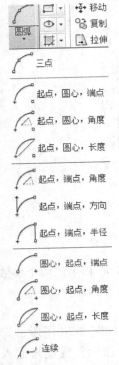

图 2-24 【圆弧】命令按钮

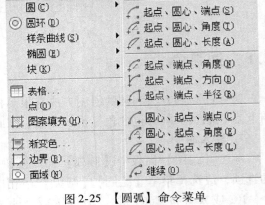

图 2-25 【圆弧】命令菜单

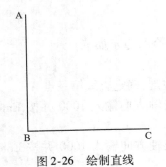

图 2-26 绘制直线

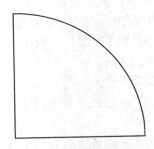

图 2-27 绘制圆弧

（2）起点、端点、方向选项

1）单击【绘图】面板中的【矩形】命令按钮 ▭，命令行提示如下：

命令：_rectang

指定第一个角点或［倒角（C）/标高（E）/圆角（F）/厚度（T）/宽度（W）］： //在绘图
区任意位置单击左键，确定矩形的第一个角点

指定另一个角点或［面积（A）/尺寸（D）/旋转（R）］：d   //输入 D 并按 Enter 键，选择"尺寸"选项

指定矩形的长度 <10.0000>：1500   //输入矩形的长度 1500 并按 Enter 键

指定矩形的宽度 <10.0000>：800   //输入矩形的宽度 800 并按 Enter 键

指定另一个角点或［面积（A）/尺寸（D）/旋转（R）］：   //在合适方向单击左键

绘制结果如图 2-28 所示。

2）单击【绘图】面板中【圆弧】命令按钮 下侧的下三角号，选择 起点，端点，方向【起点、端点、方向】选项，如图 2-24 所示，命令行提示如下：

命令：_arc

圆弧创建方向：逆时针（按住 Ctrl 键可切换方向）。

指定圆弧的起点或［圆心（C）］： <对象捕捉 开>   //捕捉 D 点

指定圆弧的第二个点或［圆心（C）/端点（E）］：_e

指定圆弧的端点：   //捕捉 E 点

指定圆弧的圆心或［角度（A）/方向（D）/半径（R）］：_d

指定圆弧的起点切向：

                //沿 D 点水平向左极轴方向任意位置单击左键

3）单击【绘图】面板中【圆弧】命令按钮 下侧的下三角号，选择 起点，端点，方向【起点、端点、方向】选项，如图 2-24 所示，命令行提示如下：

命令：_arc

圆弧创建方向：逆时针（按住 Ctrl 键可切换方向）。

指定圆弧的起点或［圆心（C）］：   //捕捉 G 点

指定圆弧的第二个点或［圆心（C）/端点（E）］：_e

指定圆弧的端点：   //捕捉 F 点

指定圆弧的圆心或［角度（A）/方向（D）/半径（R）］：_d

指定圆弧的起点切向：

                //沿 G 点水平向右极轴方向任意位置单击左键

绘制结果如图 2-29 所示。

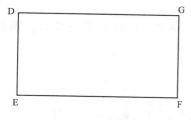

图 2-28 绘制矩形

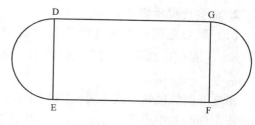

图 2-29 绘制圆弧

（3）三点选项

1）运用直线命令绘制任意三角形 HIJ，如图 2-30 所示。

2）单击【绘图】面板中【圆弧】命令按钮 下侧的下三角号，选择 三点【三点】选项，如图 2-24 所示，命令行提示如下：

32

命令：_arc

圆弧创建方向：逆时针(按住 Ctrl 键可切换方向)。

指定圆弧的起点或［圆心(C)］： ＜对象捕捉 开＞　　　//捕捉 H 点

指定圆弧的第二个点或［圆心(C)/端点(E)］：　　　//捕捉 I 点

指定圆弧的端点：　　　//捕捉 J 点

绘制结果如图 2-31 所示。

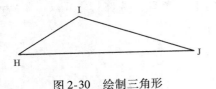

图 2-30　绘制三角形

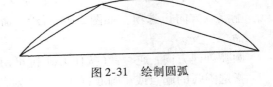

图 2-31　绘制圆弧

2.9　椭圆命令

1. 输入命令

单击【绘图】面板中【椭圆】命令按钮 ⊕ 下侧的下三角号，如图 2-32 所示，选择相应的选项，或选择菜单【绘图】|【椭圆】中相应的命令，如图 2-33 所示，或键盘输入椭圆命令 ELLIPSE 或 EL 并按 Enter 键，均可以输入椭圆命令。

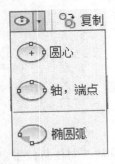

图 2-32　【椭圆】命令按钮

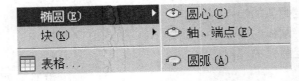

图 2-33　【椭圆】命令菜单

2. 命令行提示信息

(1) 圆心选项。单击【绘图】面板中【椭圆】命令按钮 ⊕ 下侧的下三角号，选择 ⊕圆心【圆心】选项，如图 2-32 所示，命令行提示如下：

命令：_ellipse

指定椭圆的轴端点或［圆弧(A)/中心点(C)］：_c

指定椭圆的中心点：　　　//在绘图区任意位置单击左键,确定椭圆的中心点

指定轴的端点：2000　　　//沿水平向右极轴方向输入 2000 并按 Enter 键

指定另一条半轴长度或［旋转(R)］：1000　　　//输入另一条半轴长度 1000 并按

Enter 键

绘制结果如图 2-34 所示。

(2) 轴、端点选项

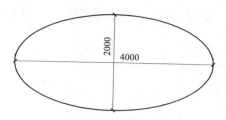

图 2-34 圆心选项绘制椭圆

1）单击【绘图】面板中的【矩形】命令按钮 ▭，命令行提示如下：

命令：_rectang

指定第一个角点或［倒角（C）/标高（E）/圆角（F）/厚度（T）/宽度（W）］：　　//在绘图区任意位置单击左键,确定矩形的第一个角点

指定另一个角点或［面积（A）/尺寸（D）/旋转（R）］:d　　　//输入 D 并按 Enter 键,选择"尺寸"选项

指定矩形的长度 < 10.0000 >:2000　　　　　　　//输入矩形的长度 2000 并按 Enter 键

指定矩形的宽度 < 10.0000 >:1000　　　　　　　//输入矩形的宽度 1000 并按 Enter 键

指定另一个角点或［面积（A）/尺寸（D）/旋转（R）］:　　　//在合适方向单击左键

2）右键单击状态栏中的对象捕捉按钮，如图 2-35 所示，选择中点捕捉。

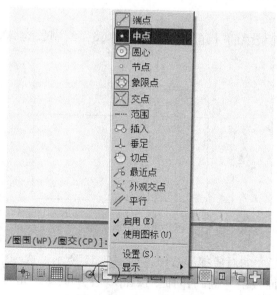

图 2-35　设置中点捕捉

3）单击【绘图】面板中【椭圆】命令按钮 ⬭ 下侧的下三角号，选择 ⬭轴,端点【轴、端点】选项，如图 2-32 所示，命令行提示如下：

命令：_ellipse

指定椭圆的轴端点或［圆弧（A）/中心点（C）］:　　//捕捉矩形左边线段的中点（图 2-36）

指定轴的另一个端点:　　　　　　　//捕捉矩形右边线段的中点（图 2-37）

指定另一条半轴长度或［旋转（R）］：　　//捕捉矩形上边线段的中点（图2-38）

绘制结果如图2-39所示。

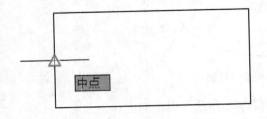

图2-36　捕捉左边线段中点

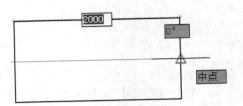

图2-37　捕捉右边线段中点

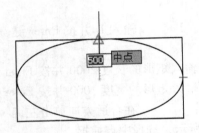

图2-38　捕捉上边线段中点

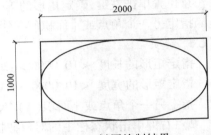

图2-39　椭圆绘制结果

（3）椭圆弧选项

1）单击【绘图】面板中的【矩形】命令按钮▢，绘制长为2000、宽为1000的矩形，如图2-40所示。

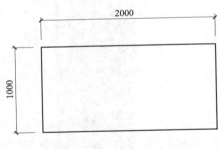

图2-40　绘制矩形

2）右键单击状态栏中的对象捕捉按钮，如图2-35所示，选择中点捕捉。

3）单击【绘图】面板中【椭圆】命令按钮⊕下侧的下三角号，选择◯椭圆弧【椭圆弧】选项，如图2-32所示，命令行提示如下：

命令：_ellipse

指定椭圆的轴端点或［圆弧（A）/中心点（C）］：_a

指定椭圆弧的轴端点或［中心点（C）］：　　//捕捉矩形左边线段的中点

指定轴的另一个端点：　　　　　　　　　　//捕捉矩形右边线段的中点

指定另一条半轴长度或［旋转（R）］：　　//捕捉矩形上边线段的中点

指定起点角度或［参数（P）］：0　　　　　//输入0并按Enter键，设置椭圆起点角度为0°

指定端点角度或［参数(P)/包含角度(I)］：180

//输入 180 并按 Enter 键,设置椭圆端点角度为 180°

绘制结果如图 2-41 所示。

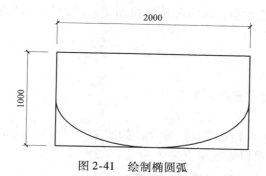

图 2-41 绘制椭圆弧

2.10 点命令

绘制图形时,经常需要绘制一些点作为辅助参考点,当图形绘制完成后,再删除它们即可。AutoCAD 即可以绘制单独的点,也可以绘制出等分点和等距点。在创建点之前,应先设置点的样式和大小,然后再绘制点。

2.10.1 设置点的样式

选择菜单【格式】|【点样式】,或键盘输入点样式命令 DDPTYPE 或 DDP 并按 Enter 键,均可以输入点样式命令,弹出【点样式】对话框,如图 2-42 所示。

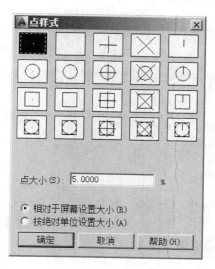

图 2-42 【点样式】对话框

该对话框共包含 20 种点样式,用户可以在所需的点样式图标上单击鼠标左键选中该点样式，单击【确定】按钮即可将其设置为当前点样式。

设置点的大小有两种方法，即相对于屏幕设置大小和按绝对单位设置大小。

（1）相对于屏幕设置大小：选中此单选按钮，系统将按屏幕尺寸的百分比显示点的大小。

（2）按绝对单位设置大小：选中此单选按钮，系统将按设置的点的实际单位来显示点的大小。

2.10.2 单点命令

单点命令可以在指定位置绘制单个点。

1. 输入命令

选择菜单【绘图】|【点】|【单点】命令，如图 2-43 所示，或键盘输入单点命令 POINT 或 PO 并按 Enter 键，均可以输入单点命令。

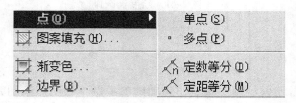

图 2-43 【点】命令菜单

2. 命令行提示信息

命令：_point

当前点模式： PDMODE = 0 PDSIZE = 0.0000

指定点： //指定点的位置

用户可以在所需位置单击鼠标左键指定该点的位置，也可直接在命令行中输入该点的坐标。

2.10.3 多点命令

多点命令用于在不同位置连续绘制多个点对象，直到按 Esc 键结束命令为止。

1. 输入命令

单击【绘图】面板中的【多点】命令按钮，或者选择菜单【绘图】|【点】|【多点】命令，均可以输入多点命令。

2. 命令行提示信息

命令：_point

当前点模式： PDMODE = 0 PDSIZE = 0.0000

指定点： //依次指定点的位置

操作完成后，按 Esc 键结束多点命令。

2.10.4 定数等分命令

定数等分命令可以将点或块沿着对象的长度或周长等间距排列。

1. 输入命令

单击【绘图】面板中的【定数等分】命令按钮 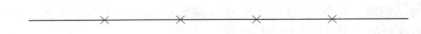，或者选择菜单【绘图】|【点】|【定数等分】命令，或键盘输入定数等分命令 DIVIDE 或 DIV 并按 Enter 键，均可以输入定数等分命令。

2. 命令行提示信息

命令：_divide

选择要定数等分的对象：　　　　　//选择要定数等分的对象

输入线段数目或 [块(B)]：　　　　//输入线段数目并按 Enter 键

有时绘制完等分点后，用户可能看不到，这是因为点对象与所操作的对象重合，用户可以将点设置为便于观察的样式。

3. 选项含义

块 (B)：该选项用于在等分对象的等分点处插入图块。执行该选项时，必须确保在当前图形文件中已经创建使用的内部图块。此选项操作提示如下：

命令：_divide

选择要定数等分的对象：　　　　　//选择要定数等分的对象

输入线段数目或 [块(B)]：b　　　　//输入 B 并按 Enter 键，选择"块"选项

输入要插入的块名：　　　　　　　//输入块的名字并按 Enter 键

是否对齐块和对象？[是(Y)/否(N)] <Y>：　　//选择"是(Y)/否(N)"选项，如果选择"是(Y)"，插入的块将围绕它的插入点旋转，它的水平线就会与被定距等分的对象对齐并相切；如果选择"否(N)"，块总是以 0°旋转角插入

输入线段数目：　　　　　　　　　//输入分段的数目并按 Enter 键

4. 实例

(1) 运用直线命令绘制长度为 2500 的水平线。

(2) 单击【绘图】面板中的【定数等分】命令按钮 ，命令行提示如下：

命令：_divide

选择要定数等分的对象：　　　　　//选择刚刚创建的直线

输入线段数目或 [块(B)]:5　　　　//输入线段数目 5 并按 Enter 键

绘制结果如图 2-44 所示。

图 2-44　定数等分命令实例

2.10.5　定距等分命令

定距等分命令可以将点沿着选定的对象按照指定的间距排列。

1. 输入命令

单击【绘图】面板中的【定距等分】命令按钮 ，或者选择菜单【绘图】|【点】|【定距等分】命令，或键盘输入定距等分命令 MEASURE 或 ME 并按 Enter 键，均可以输入定距等分命令。

2. 命令行提示信息

命令：_measure

选择要定距等分的对象：　　　　　　　　　　//选择要定距等分的对象

指定线段长度或［块(B)］：　　　　　　　　//输入点间距

3. 选项含义

块 (B)：该选项用于将块插入到等间距的点处。执行该选项时，必须确保在当前图形文件中已经创建使用的内部图块。此选项操作提示如下：

命令：_measure

选择要定距等分的对象：　　　　　　　　　　//选择要定距等分的对象

指定线段长度或［块(B)］：b　　　　　　　//输入 B 并按 Enter 键，选择"块"选项

输入要插入的块名：　　　　　　　　　　　　//输入块的名字并按 Enter 键

是否对齐块和对象？［是(Y)/否(N)］＜Y＞：　//选择"是(Y)/否(N)"选项

指定线段长度：　　　　　　　　　　　　　　//输入块之间的间距

4. 实例

(1) 运用直线命令绘制长度为 2500 的水平线段。

(2) 单击【绘图】面板中的【定距等分】命令按钮 ，命令行提示如下：

命令：_measure

选择要定距等分的对象：　　　　　　　　　　//选择刚刚绘制的直线段的左侧

指定线段长度或［块(B)］：400　　　　　　//输入点间距 400 并按 Enter 键

绘制结果如图 2-45 所示。

图 2-45　定距等分命令实例

2.11　图案填充命令

图案填充命令可以在指定的区域填充相应的图案，填充后的图案是一个整体。

1. 输入命令

单击【绘图】面板中的【图案填充】命令按钮 ，或选择菜单【绘图】｜【图案填充】，或键盘输入图案填充命令 HATCH 或 H 并按 Enter 键，均可以输入图案填充命令，将弹出如图 2-46 所示的【图案填充创建】面板。

图 2-46　【图案填充创建】面板

2. 选项含义

(1)【边界】选项区域

拾取点 ![]：该按钮用于选择填充的范围。在填充区域内部拾取任意一点，AutoCAD 将自动搜索包含该内点的区域边界，并以虚线显示边界。

选择 ![] 选择：该按钮用于选择填充对象的实体边界。

删除 ![] 删除：该按钮用于从已经选择的填充对象实体边界中删除选错的实体边界。

（2）【图案】选项区域

单击【图案】选项区域右下角的下三角号 ![]，如图 2-47 所示，弹出如图 2-48 所示的图案填充下拉列表，可以从中选择各种填充图案。

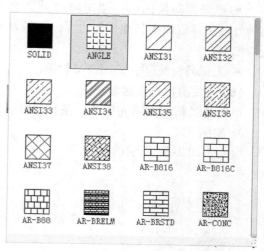

图 2-48　图案填充下拉列表

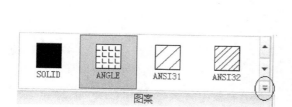

图 2-47　【图案】选项区域

（3）【特性】选项区域

图案填充类型 ![图案]：单击该按钮右侧的下三角号，弹出如图 2-49 所示的下拉列表，可以指定创建预定义的图案填充还是创建用户定义的图案填充。

图案填充颜色 ![使用当前项]：用来设置填充图案的颜色。

背景色 ![无]：用来指定填充图案的背景色。

图案填充透明度 ![图案填充透明度 0]：用来设置填充图案的透明度。

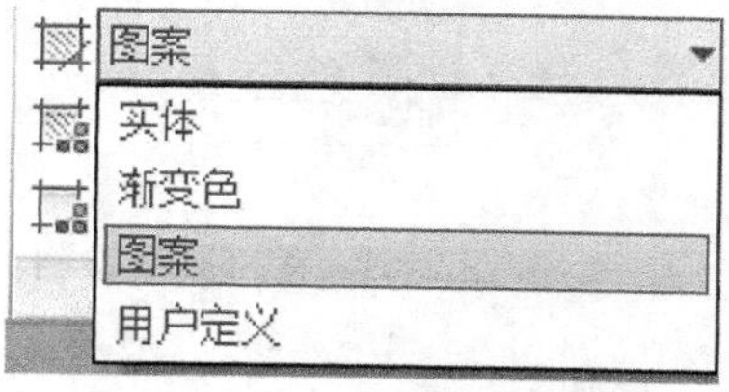

图 2-49　图案填充类型下拉列表

图案填充角度 ![角度 0]：用来设置填充图案的倾斜角度。

填充图案比例 ![100]：用来设置填充图案的填充比例。

（4）原点选项区域　单击设定原点按钮 ![] 可以移动填充图案使其与指定原点对齐。

（5）【选项】选项卡

1）关联 ![]：用来设定填充图形与填充图案是否保持着关系。

2）外部孤岛检测 ![外部孤岛检测]：单击【选项】按钮，如图 2-50 所示，再单击外部孤岛检测，如图 2-51 所示，可以设置孤岛检测类型。

● 普通孤岛检测 ：从图案填充拾取点指定的区域开始向内自动填充孤岛。从最外层的外边界向内边界填充，第一层填充，第二层不填充，如此交替进行，直到选定边界填充完毕。

● 外部孤岛检测 ：此种填充方式只填充从最外层边界向内第一边界之间的区域。

图 2-50 【选项】面板

● 忽略孤岛检测 ：忽略内边界填充方式。该方式忽略最外层边界以内的其他任何边界，以最外层边界向内填充全部图形。

● 无孤岛检测 ：关闭孤岛检测。

（6）【关闭】选项区域

单击【关闭图案填充创建】按钮，可退出图案填充状态。

3. 实例

绘制如图 2-52 所示的图形。

图 2-51 外部孤岛检测

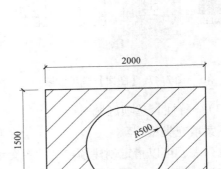

图 2-52 填充图形

步骤：

（1）单击【绘图】面板中的【矩形】命令按钮 ，命令行提示如下：

命令：_rectang

指定第一个角点或［倒角（C）/标高（E）/圆角（F）/厚度（T）/宽度（W）］：
　　　　　　　　　　　//在绘图区任意位置单击左键

指定另一个角点或［面积（A）/尺寸（D）/旋转（R）］: d
　　　　　　　　　　　//输入 D 并按 Enter 键,选择"尺寸"选项

指定矩形的长度 ＜10.0000＞: 2000　　//输入 2000 并按 Enter 键,设置矩形长度为 2000

指定矩形的宽度 ＜10.0000＞: 1500　　//输入 1500 并按 Enter 键,设置矩形宽度为 1500

指定另一个角点或［面积(A)/尺寸(D)/旋转(R)］：

　　　　　　　　　　　　　　//在合适方向单击左键

（2）单击【绘图】面板中【圆】命令按钮下侧的下三角号，选择 【圆心、半径】选项，命令行提示如下：

命令：_circle

指定圆的圆心或［三点(3P)/两点(2P)/切点、切点、半径(T)］：

　　　　　　　　　　　　　　//运用中点捕捉和对象追踪捕捉到矩形的中点，单击左键，如图2-53所示

指定圆的半径或［直径(D)］：500　　//输入500并按Enter键，设置圆的半径为500

绘制结果如图2-54所示。

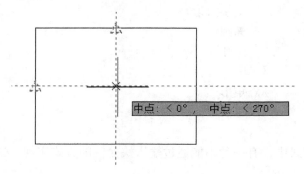

图2-53　捕捉矩形的中点

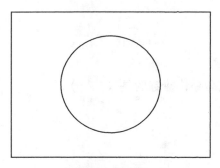

图2-54　绘制矩形和圆

（3）单击【绘图】面板中的【图案填充】命令按钮，弹出如图2-55所示的【图案填充创建】面板。单击【拾取点】按钮，在矩形内部圆的外部任意位置单击左键，作为填充区域；填充图案选择【图案】面板中的ANSI31样式；填充图案比例设置为50，单击【关闭图案填充创建】按钮。填充结果如图2-52所示。

图2-55　【图案填充创建】面板

2.12   思考题与练习题

1. 思考题

（1）命令输入方式有哪 3 种？

（2）画圆有几种方法？如何实现？

（3）矩形命令和正多边形命令有何区别？

（4）多段线命令可否由直线与圆弧命令替代？为什么？

2. 将左侧的命令与右侧的功能连接起来

LINE	多段线
RECTANG	正多边形
CIRCLE	椭圆
ARC	圆弧
ELLIPSE	圆
POLYGON	矩形
PLINE	直线

3. 选择题

（1）下列画圆方式中，有一种不能通过输入快捷键的方式实现，这种方式是（   ）。

A. 圆心、半径

B. 圆心、直径

C. 3 点

D. 2 点

E. 相切、相切、半径

F. 相切、相切、相切

（2）下列各命令为圆弧命令快捷键的是（   ）。

A. C

B. A

C. Pl

D. Rec

（3）使用夹点编辑对象时，夹点的数量依赖于被选取的对象，矩形和圆各有（   ）个夹点。

A. 八个、五个

B. 一个、一个

C. 四个、一个

D. 二个、三个

（4）下列画圆弧的方式中无效的是（   ）。

A. 起点、圆心、端点

B. 圆心、起点、方向

C. 圆心、起点、角度

D. 起点、端点、半径

4. 绘制下列各图

（1）门立面图，如图 2-56 所示。

（2）双人床平面图，如图 2-57 所示。

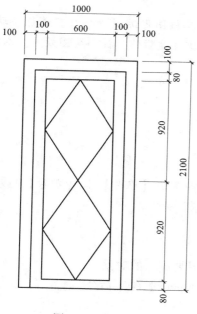

图 2-56　门立面图

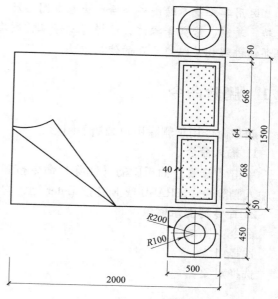

图 2-57　双人床平面图

第 3 章 AutoCAD 二维图形编辑命令

运用二维基本绘图命令绘制出基本图形后，需要运用二维图形编辑命令对其进行移动、旋转、复制、修剪等操作，这样可以保证作图准确度，减少重复操作，提高绘图效率。本章将详细讲解相关编辑命令的使用方法。

3.1 删除命令

删除命令用于删除用户画错的图形。

1. 输入命令

单击【修改】面板中的【删除】命令按钮 ✍ ，或选择菜单【修改】│【删除】，或键盘输入删除命令 ERASE 或 E 并按 Enter 键，均可以输入删除命令。

2. 命令行提示信息

命令：_erase

选择对象：   //选择要删除的对象

选择对象：   //按 Enter 键，结束命令

3.2 移动命令

移动命令可以把选中的对象从一个位置移动到另一个位置，不改变原图形的大小和方向。

1. 输入命令

单击【修改】面板中的【移动】命令按钮 ✛ 移动，或选择菜单【修改】│【移动】，或键盘输入移动命令 MOVE 或 M 并按 Enter 键，均可以输入移动命令。

2. 命令行提示信息

命令：_move

选择对象：   //选择要移动的对象

选择对象：   //按 Enter 键，结束对象选择状态

指定基点或［位移(D)］＜位移＞：   //指定移动的基点

指定第二个点或 ＜使用第一个点作为位移＞：//指定移到的第二个点

3. 实例

移动矩形内部的圆（图 3-1），使小圆圆心对齐矩形右边线段的中点（图 3-2）。

步骤：

（1）运用矩形命令和圆命令绘制任意矩形和圆，如图 3-1 所示。

（2）单击【修改】面板中的【移动】命令按钮 ✛ 移动，命令行提示如下：

命令：_move

选择对象：找到 1 个   //选择圆

选择对象：   //按 Enter 键,结束对象选择状态

指定基点或［位移(D)］＜位移＞： //在圆心处单击左键,指定圆的圆心
              为基点

指定第二个点或 ＜使用第一个点作为位移＞： //在矩形右边线段中点处单击左键

结果如图 3-2 所示。

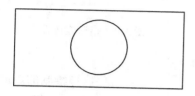
    图 3-1 绘制矩形和圆

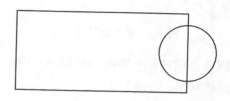
    图 3-2 移动圆

3.3　旋转命令

  旋转命令可以把选中的对象旋转一定的角度，只改变原图形的方向，而不改变原图形的大小。

 1. 输入命令

  单击【修改】面板中的【旋转】命令按钮旋转，或选择菜单【修改】｜【旋转】，或键盘输入旋转命令 ROTATE 或 RO 并按 Enter 键，均可以输入旋转命令。

 2. 命令行提示信息

  命令：_rotate

  UCS 当前的正角方向：ANGDIR = 逆时针 ANGBASE = 0

  选择对象：   //选择要旋转的对象

  选择对象：   //按 Enter 键,结束对象选择状态

  指定基点：   //指定旋转的基点

  指定旋转角度,或［复制(C)/参照(R)］＜0＞： //指定旋转的角度

 3. 选项含义

  （1）复制（C）：先复制对象再旋转，同时保留源对象和旋转后的对象。

  （2）参照（R）：以参照方式旋转对象，需要依次指定参照方向的角度值和相对于参照方向的角度值。

 4. 实例

  旋转图 3-3 所示的矩形，使矩形下边 AB 边对齐三角形斜边 AC，如图 3-4 所示。

  步骤：

  （1）运用直线命令和矩形命令绘制任意三角形和矩形，使矩形的左下角点对齐三角形的端点 A，如图 3-3 所示。

  （2）单击【修改】面板中的【旋转】命令按钮旋转，命令行提示如下：

  命令：_rotate

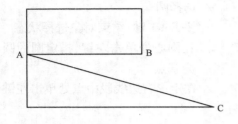

图 3-3　矩形旋转前

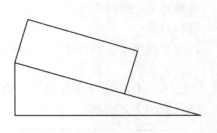

图 3-4　矩形旋转后

UCS 当前的正角方向：ANGDIR = 逆时针　ANGBASE = 0	
选择对象：找到 1 个	//选择绘制的矩形
选择对象：	//按 Enter 键
指定基点：	//捕捉 A 点作为基点
指定旋转角度，或［复制（C）/参照（R）］＜135＞：r	//输入 R 并按 Enter 键， 选择"参照"选项
指定参照角 ＜0＞：	//捕捉 A 点
指定第二点：	//捕捉 B 点
指定新角度或［点（P）］＜0＞：	//捕捉 C 点

结果如图 3-4 所示。

3.4　复制命令

复制命令可以把已有的对象复制出多个副本，并放置到指定的位置。

1. 输入命令

单击【修改】面板中的【复制】命令按钮 复制，或选择菜单【修改】｜【复制】，或键盘输入复制命令 COPY 或 CO 并按 Enter 键，均可以输入复制命令。

2. 命令行提示信息

命令：_copy	
选择对象：	//选择复制的对象
选择对象：	//按 Enter 键，结束对象 选择状态
当前设置：　复制模式 = 多个	
指定基点或［位移（D）/模式（O）］＜位移＞：	//指定复制的基点
指定第二个点或［阵列（A）］＜使用第一个点作为位移＞：	//指定第二个点
指定第二个点或［阵列（A）/退出（E）/放弃（U）］＜退出＞：	//按 Enter 键，结束命令

3. 实例

复制图 3-5 所示的圆，结果如图 3-6 所示。

步骤：

（1）运用矩形命令和圆命令绘制任意矩形和圆，使圆的圆心对齐矩形的左上角点，如

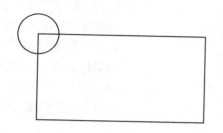

图 3-5　圆复制前

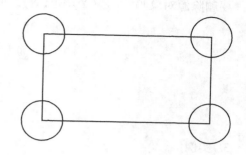

图 3-6　圆复制后

图 3-5 所示。

（2）单击【修改】面板中的【复制】命令按钮 复制，命令行提示如下：

命令：_copy

选择对象：找到 1 个　　　　　　　　　　　　　//选择图 3-5 中的圆

选择对象：　　　　　　　　　　　　　　　　//按 Enter 键,结束对象选
　　　　　　　　　　　　　　　　　　　　　　　择状态

当前设置：复制模式 = 多个

指定基点或［位移（D）/模式（O）］＜位移＞：　　　//捕捉矩形的左上角点

指定第二个点或［阵列（A）］＜使用第一个点作为位移＞：　//捕捉矩形的右上角点

指定第二个点或［阵列（A）/退出（E）/放弃（U）］＜退出＞：　//捕捉矩形的左下角点

指定第二个点或［阵列（A）/退出（E）/放弃（U）］＜退出＞：　//捕捉矩形的右下角点

指定第二个点或［阵列（A）/退出（E）/放弃（U）］＜退出＞：　//按 Enter 键

结果如图 3-6 所示。

3.5　镜像命令

镜像命令可以把选中的对象以镜像轴为对称轴作对称复制，原目标可以保留，也可以删除。

1. 输入命令

单击【修改】面板中的【镜像】命令按钮 镜像，或选择菜单【修改】│【镜像】，或键盘输入镜像命令 MIRROR 或 MI 并按 Enter 键，均可以输入镜像命令。

2. 命令行提示信息

命令：_mirror

选择对象：　　　　　　　　　　　　　　　　//选择镜像复制的源对象

选择对象：　　　　　　　　　　　　　　　　//按 Enter 键,结束对象
　　　　　　　　　　　　　　　　　　　　　　　选择状态

指定镜像线的第一点：　　　　　　　　　　　//指定镜像线的第一个点

指定镜像线的第二点：　　　　　　　　　　　//指定镜像线的第二个点

要删除源对象吗？［是（Y）/否（N）］＜N＞：	//如果输入 Y 并按 Enter 键,选择"是"选项,表示镜像后只保留镜像后的对象而删除源对象;如果输入 N 并按 Enter 键,选择"否"选项,表示镜像后保留源对象。

3. 实例

绘制图 3-7 所示的花坛平面图。

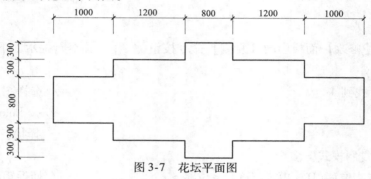

图 3-7 花坛平面图

步骤：

（1）单击【绘图】面板的【直线】命令按钮 ，命令行提示如下：

命令：_line

指定第一个点：	//在绘图区任意位置单击左键,确定 D 点（图 3-8）
指定下一点或［放弃（U）］：400	//沿垂直向上极轴方向输入 400 并按 Enter 键
指定下一点或［放弃（U）］：1000	//沿水平向右极轴方向输入 1000 并按 Enter 键
指定下一点或［闭合（C）/放弃（U）］：300	//沿垂直向上极轴方向输入 300 并按 Enter 键
指定下一点或［闭合（C）/放弃（U）］：1200	//沿水平向右极轴方向输入 1200 并按 Enter 键
指定下一点或［闭合（C）/放弃（U）］：300	//沿垂直向上极轴方向输入 300 并按 Enter 键
指定下一点或［闭合（C）/放弃（U）］：400	//沿水平向右极轴方向输入 400 并按 Enter 键
指定下一点或［闭合（C）/放弃（U）］：	//按 Enter 键

绘制结果如图 3-8 所示。

（2）单击【修改】面板中的【镜像】命令按钮 镜像，命令行提示如下：

命令：_mirror

选择对象：指定对角点：找到 6 个	//选择图 3-8 中的 6 条直线
选择对象：	//按 Enter 键,结束对象选择状态
指定镜像线的第一点：	//捕捉 D 点(图 3-8)
指定镜像线的第二点：	//沿水平向右极轴方向任意一点单击左键
要删除源对象吗？［是(Y)/否(N)］＜N＞：	//按 Enter 键,不删除源对象

结果如图 3-9 所示。

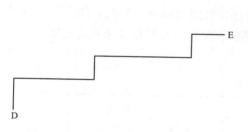

图 3-8　直线绘制结果

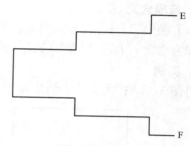

图 3-9　镜像结果

直接按 Enter 键，输入上一次镜像命令，命令行提示如下：

命令：MIRROR

选择对象：指定对角点：找到 12 个	//选择图 3-9 中的直线
选择对象：	//按 Enter 键,结束对象选择状态
指定镜像线的第一点：	//捕捉 E 点(图 3-9)
指定镜像线的第二点：	//捕捉 F 点(图 3-9)
要删除源对象吗？［是(Y)/否(N)］＜N＞：	//按 Enter 键,不删除源对象

结果如图 3-10 所示。

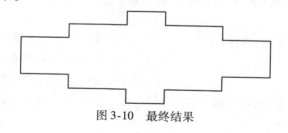

图 3-10　最终结果

3.6　缩放命令

缩放命令可以将对象按指定的比例因子相对于基点进行尺寸缩放。缩放后的图形与原图形相比形状相同，大小不同。

1. 输入命令

单击【修改】面板中的【缩放】命令按钮□ 缩放，或选择菜单【修改】│【缩放】，或键盘输入缩放命令 SCALE 或 SC 并按 Enter 键，均可以输入缩放命令。

2. 命令行提示信息

命令：_scale

选择对象: //选择要缩放的对象

选择对象: //按 Enter 键,结束对象选择状态

指定基点: //指定图形缩放的基点

指定比例因子或﹝复制(C)/参照(R)﹞:   //输入缩放比例因子,大于 1 的比例因子使对象放大,介于 0 和 1 之间的比例因子使对象缩小

3. 选项含义

（1）复制（C）：先复制对象再缩放，同时保留源对象和缩放后的对象。

（2）参照（R）：以参照方式缩放对象，需要依次指定参照长度和新的长度。

4. 实例

将图 3-11a 扩大 2 倍，结果如图 3-11b 所示。

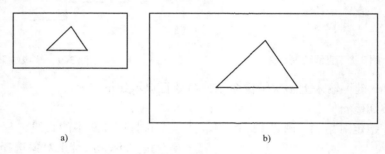

a)   b)

图 3-11   原图形和扩大 2 倍后图形

步骤：

（1）运用直线命令和矩形命令绘制任意三角形和矩形，如图 3-11a 所示。

（2）单击【修改】面板中的【缩放】命令按钮 缩放，命令行提示如下：

命令: _scale

选择对象:指定对角点:找到 4 个   //选择图 3-11a 中的矩形和三角形

选择对象: //按 Enter 键,结束对象选择状态

指定基点: //捕捉矩形的左上角点为基点

指定比例因子或﹝复制(C)/参照(R)﹞: 2   //输入 2 并按 Enter 键,将原图形扩大 2 倍

结果如图 3-11b 所示。

3.7 拉伸命令

拉伸命令可以按指定的方向拉长或缩短选择的图形对象。该命令只能用交叉窗口或交叉多边形方式选择要拉伸的图形对象。如果对象全部包含在选择窗口中，将被移动；如果一部分包含在选择窗口范围内，窗口范围内的端点一侧将被拉伸。可以被拉伸的对象有直线、椭圆弧、多段线、射线和样条曲线等，点、圆、椭圆、文本和图块不能被拉伸。

1. 输入命令

单击【修改】面板中的【拉伸】命令按钮 拉伸，或选择菜单【修改】|【拉伸】，或键盘输入拉伸命令 STRETCH 或 S 并按 Enter 键，均可以输入拉伸命令。

2. 命令行提示信息

命令：_stretch

以交叉窗口或交叉多边形选择要拉伸的对象……

选择对象：   //以交叉窗口或交叉多边形选择要拉伸的对象

选择对象：   //按 Enter 键，结束对象选择状态

指定基点或［位移（D）］＜位移＞：   //指定拉伸的基点

指定第二个点或 ＜使用第一个点作为位移＞： //指定第二个点

3. 实例

将图 3-12a 拉伸成图 3-12b。

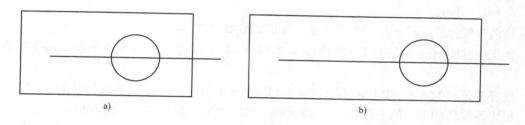

a)   b)

图 3-12   原图形和拉伸后图形

步骤：

（1）运用直线命令、矩形命令和圆命令绘制图形，如图 3-12a 所示。

（2）单击【修改】面板中的【拉伸】命令按钮 拉伸，命令行提示如下：

命令：_stretch

以交叉窗口或交叉多边形选择要拉伸的对象……

选择对象：指定对角点：找到 3 个   //以图 3-13 所示交叉窗口选择对象

选择对象：   //按 Enter 键，结束对象选择状态

指定基点或［位移（D）］＜位移＞：   //在图形下方合适位置单击左键

指定第二个点或 ＜使用第一个点作为位移＞： //向右移动鼠标拉伸图形，如图 3-14 所示，在合适位置单击左键

结果如图 3-12b 所示。

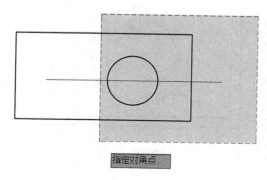

指定对角点

图 3-13   交叉窗口选择对象

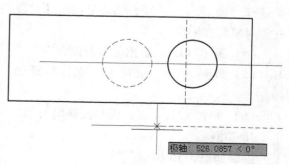

极轴：528.0857 ＜ 0°

图 3-14   拉伸图形

3.8 偏移命令

偏移命令用于将目标对象如直线、圆弧、圆、多边形、多段线等以一定的距离或一个指定的点进行偏移复制，以创建新的对象。此命令可以创建平行线、平行弧线和平行的样条曲线，也可以创建同心圆或同心椭圆、嵌套的矩形和嵌套的多边形等。

1. 输入命令

单击【修改】面板中的【偏移】命令按钮⊆，或选择菜单【修改】|【偏移】，或键盘输入偏移命令 OFFSET 或 O 并按 Enter 键，均可以输入偏移命令。

2. 命令行提示信息

命令：_offset

当前设置：删除源 = 否　　图层 = 源　　OFFSETGAPTYPE = 0

指定偏移距离或［通过(T)/删除(E)/图层(L)］＜通过＞：　//输入偏移距离并按 Enter 键

选择要偏移的对象，或［退出(E)/放弃(U)］＜退出＞：　　　//选择要偏移的对象

指定要偏移的那一侧上的点，或［退出(E)/多个(M)/放弃(U)］＜退出＞：

　　　　　　　　　　　　　　　　　//在要偏移的一侧单击左键

选择要偏移的对象，或［退出(E)/放弃(U)］＜退出＞：　//按 Enter 键，结束命令

3. 选项含义

（1）通过（T）：此选项用于指定一个点对偏移对象进行定位。激活此选项，根据命令行的提示，在选择目标对象后，在绘图区指定一点作为偏移对象通过的点，也可通过命令行输入点的坐标偏移目标对象。

（2）删除（E）：选择该选项后，命令行提示"要在偏移后删除源对象吗？［是（Y）/否（N）］＜是＞："，如果选择"是（Y）"，偏移后只保留偏移后的对象，删除源对象；如果选择"否（N）"，偏移复制后同时保留源对象和复制后的对象。

（3）图层（L）：选择该选项后，命令行提示"输入偏移对象的图层选项［当前（C）/源（S）］＜源＞："，如果选择"当前（C）"选项，偏移复制出的对象位于当前图层；如果选择"源（S）"选项，偏移复制出的对象在源对象所在图层。

（4）退出（E）：退出偏移复制命令。

（5）放弃（U）：取消上一次偏移复制操作。

（6）多个（M）：多次偏移复制源对象。

4. 实例

绘制如图 3-15 所示图形。

步骤：

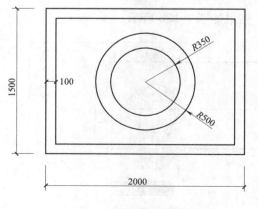

图 3-15　偏移练习图形

（1）单击【绘图】面板中的【矩形】命令按钮 ▭，命令行提示如下：

命令：_rectang

指定第一个角点或［倒角(C)/标高(E)/圆角(F)/厚度(T)/宽度(W)］： //在绘图区任意位置单击左键

指定另一个角点或［面积(A)/尺寸(D)/旋转(R)］：d //输入 D 并按 Enter 键，选择"尺寸"选项

指定矩形的长度 ＜10.0000＞：2000 //输入 2000 并按 Enter 键

指定矩形的宽度 ＜10.0000＞：1500 //输入 1500 并按 Enter 键

指定另一个角点或［面积(A)/尺寸(D)/旋转(R)］： //在合适方向单击左键

（2）单击【绘图】面板中【圆】命令按钮 ⊙ 下侧的下三角号，选择 ⊙ 圆心、半径【圆心、半径】选项，命令行提示如下：

命令：_circle

指定圆的圆心或［三点(3P)/两点(2P)/切点、切点、半径(T)］： //捕捉矩形的中心点（图3-16)作为圆心

指定圆的半径或［直径(D)］＜50.0000＞：500 //输入 500 并按 Enter 键

绘制结果如图3-17所示。

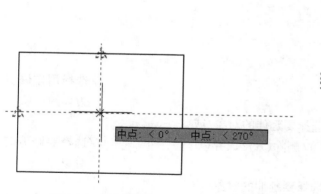

图3-16 捕捉矩形的中心点作为圆心

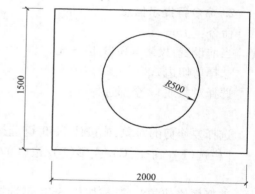

图3-17 绘制矩形和圆

（3）单击【修改】面板中的【偏移】命令按钮 ⊕，命令行提示如下：

命令：_offset

当前设置：删除源＝否 图层＝源 OFFSETGAPTYPE＝0

指定偏移距离或［通过(T)/删除(E)/图层(L)］＜通过＞：100 //输入 100 并按 Enter 键

选择要偏移的对象，或［退出(E)/放弃(U)］＜退出＞： //选择矩形

指定要偏移的那一侧上的点,或［退出(E)/多个(M)/放弃(U)］＜退出＞： //在矩形内部单击左键

选择要偏移的对象，或［退出(E)/放弃(U)］＜退出＞： //按 Enter 键

直接按 Enter 键，输入上一次偏移复制命令，命令行提示如下：

命令： OFFSET

当前设置：删除源＝否　图层＝源　OFFSETGAPTYPE＝0

指定偏移距离或［通过（T）/删除（E）/图层（L）］＜100.0000＞：150　//输入 150 并按
　　　　　　　　　　　　　　　　　　　　　　　　　　　　　　　　　Enter 键

选择要偏移的对象，或［退出（E）/放弃（U）］＜退出＞：　　　　　//选择圆

指定要偏移的那一侧上的点，或［退出（E）/多个（M）/放弃（U）］＜退出＞：
　　　　　　　　　　　　　　　　　　　　　　　　　　　　　　　//在圆的内部单
　　　　　　　　　　　　　　　　　　　　　　　　　　　　　　　　击左键

选择要偏移的对象，或［退出（E）/放弃（U）］＜退出＞：　　　　　//按 Enter 键

绘制结果如图 3-15 所示。

3.9　修剪命令

修剪命令可以某一对象为剪切边修剪其他对象。可被修剪的对象包括：直线、圆弧、椭圆弧、圆、二维和三维多段线、参照线、射线以及样条曲线等，被修剪的对象同时可作为剪切边。

1. 输入命令

单击【修改】面板中的【修剪】命令按钮 ⊰ 修剪，或选择菜单【修改】|【修剪】，或键盘输入修剪命令 TRIM 或 TR 并按 Enter 键，均可以输入修剪命令。

2. 命令行提示信息

命令：_trim

当前设置：投影＝UCS，边＝无

选择剪切边 …

选择对象或 ＜全部选择＞：　　　　　　　　　　　　　　　　　//选择用作修剪
　　　　　　　　　　　　　　　　　　　　　　　　　　　　　　　边界的对象

选择要修剪的对象，或按住 Shift 键选择要延伸的对象，或

［栏选（F）/窗交（C）/投影（P）/边（E）/删除（R）/放弃（U）］：　　//选择要修剪的
　　　　　　　　　　　　　　　　　　　　　　　　　　　　　　　对象

选择要修剪的对象，或按住 Shift 键选择要延伸的对象，或

［栏选（F）/窗交（C）/投影（P）/边（E）/删除（R）/放弃（U）］：　　//按 Enter 键，结
　　　　　　　　　　　　　　　　　　　　　　　　　　　　　　　束命令

3. 选项含义

（1）栏选（F）：以栏选选择方式选择要修剪的对象。

（2）窗交（C）：以交叉窗口选择方式选择要修剪的对象。

（3）投影（P）：可以指定执行修剪的空间，主要应用于三维空间中的两个对象的修剪，可将对象投影到某一平面上执行修剪操作。

（4）边（E）：此选项可选择边界的延伸方式。选中该选项后，命令行提示："输入隐含边延伸模式［延伸（E）/不延伸（N）］＜不延伸＞:"。如果选择"延伸（E）"选项，当剪切边太短而且没有与被修剪对象相交时，可延伸修剪边，然后进行修剪；如果选择"不延伸（N）"选项，只有当剪切边与被修剪对象真正相交时，才能进行修剪。

（5）删除（R）：该选项可以删除选中的对象。

（6）放弃（U）：取消上一次操作。

（7）按住 Shift 键选择要延伸的对象：按住 Shift 键可以把修剪命令转换为延伸命令。按住 Shift 键选择要延伸的对象，该对象会延伸至剪切边。

4. 实例

绘制如图 3-18 所示的五角星标志。

步骤：

（1）单击【绘图】面板中【圆】命令按钮 下侧的下三角号，选择 【圆心、半径】选项，命令行提示如下：

图 3-18　五角星标志

命令：_circle

指定圆的圆心或 ［三点(3P)/两点(2P)/切点、切点、半径(T)］：

　　　　　　　　　　　　　　　　　　//在绘图区合适位置单击左键

指定圆的半径或 ［直径（D）］＜500.0000＞：500　　//输入 500 并按 Enter 键

（2）单击【绘图】面板中的【多边形】命令按钮 ，命令行提示如下：

命令：_ polygon 输入侧面数 ＜4＞：5　　//输入 5 并按 Enter 键，设置多边形的侧面数为 5

指定正多边形的中心点或 ［边（E）］：　　//捕捉圆的圆心为正多边形的中心点

输入选项 ［内接于圆（I）/外切于圆（C）］＜I＞：I//输入 I 并按 Enter 键，选择"内接于圆"选项

指定圆的半径：500　　　　　　　　　//输入 500 并按 Enter 键

绘制结果如图 3-19 所示。

（3）单击【绘图】面板中的【直线】命令按钮 ，按照 ABCDEA 的顺序画直线，命令行提示如下：

命令：_line

指定第一个点：　＜对象捕捉 开＞　　//捕捉 A 点

指定下一点或 ［放弃(U)］：　　　　//捕捉 B 点

指定下一点或 ［放弃(U)］：　　　　//捕捉 C 点

指定下一点或 ［闭合(C)/放弃(U)］：　　//捕捉 D 点

指定下一点或 ［闭合(C)/放弃(U)］：　　//捕捉 E 点

指定下一点或 ［闭合(C)/放弃(U)］：　　//捕捉 A 点

指定下一点或 ［闭合(C)/放弃(U)］：　　//按 Enter 键

绘制结果如图 3-20 所示。

（4）单击【修改】面板中的【修剪】命令按钮 修剪，命令行提示如下：

命令：_trim

当前设置:投影＝UCS,边＝无

选择剪切边……

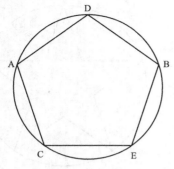

图 3-19　绘制圆和正五边形

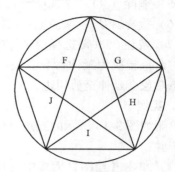

图 3-20　绘制直线

选择对象或 ＜全部选择＞： //按 Enter 键,设置相邻边

为剪切边

选择要修剪的对象,或按住 Shift 键选择要延伸的对象,或
[栏选(F)/窗交(C)/投影(P)/边(E)/删除(R)/放弃(U)]： //选择线段 FG
选择要修剪的对象,或按住 Shift 键选择要延伸的对象,或
[栏选(F)/窗交(C)/投影(P)/边(E)/删除(R)/放弃(U)]： //选择线段 GH
选择要修剪的对象,或按住 Shift 键选择要延伸的对象,或
[栏选(F)/窗交(C)/投影(P)/边(E)/删除(R)/放弃(U)]： //选择线段 HI
选择要修剪的对象,或按住 Shift 键选择要延伸的对象,或
[栏选(F)/窗交(C)/投影(P)/边(E)/删除(R)/放弃(U)]： //选择线段 IJ
选择要修剪的对象,或按住 Shift 键选择要延伸的对象,或
[栏选(F)/窗交(C)/投影(P)/边(E)/删除(R)/放弃(U)]： //选择线段 JF
选择要修剪的对象,或按住 Shift 键选择要延伸的对象,或
[栏选(F)/窗交(C)/投影(P)/边(E)/删除(R)/放弃(U)]：r//输入 R 并按 Enter 键,选

择“删除”选项

选择要删除的对象或 ＜退出＞:找到 1 个 //选择正五边形
选择要删除的对象： //按 Enter 键
选择要修剪的对象,或按住 Shift 键选择要延伸的对象,或
[栏选(F)/窗交(C)/投影(P)/边(E)/删除(R)/放弃(U)]： //按 Enter 键
绘制结果如图 3-18 所示。

3.10　延伸命令

延伸命令用于将直线、圆弧、椭圆弧等对象的一个端点或两个端点延伸至选定的边界。

1. 输入命令

单击【修改】面板中【修剪】命令按钮 ✂ 修剪　▾ 右侧的下三角号,选择 ┈╱ 延伸【延伸】命令,或选择菜单【修改】|【延伸】,或键盘输入延伸命令 EXTEND 或 EX 并按 Enter 键,均可以输入延伸命令。

2. 命令行提示信息

命令：_extend

当前设置：投影=UCS，边=无

选择边界的边……

选择对象或 <全部选择>：　　　　　　　　　　//选择延伸的边界

选择要延伸的对象，或按住 Shift 键选择要修剪的对象，或

［栏选（F）/窗交（C）/投影（P）/边（E）/放弃（U）］：　　//选择要延伸的对象

选择要延伸的对象，或按住 Shift 键选择要修剪的对象，或

［栏选（F）/窗交（C）/投影（P）/边（E）/放弃（U）］：　　//按 Enter 键，结束命令

3. 选项含义

（1）栏选（F）：以栏选选择方式选择要延伸的对象。

（2）窗交（C）：以交叉窗口选择方式选择要延伸的对象。

（3）投影（P）：可以指定执行延伸的空间，主要应用于三维空间中的两个对象的延伸，可将对象投影到某一平面上执行延伸操作。

（4）边（E）：此选项可选择边界的延伸方式。选中该选项后，命令行提示："输入隐含边延伸模式［延伸（E）/不延伸（N）］<不延伸>:"。如果选择"延伸（E）"选项，当延伸边界太短而且没有与被延伸对象相交时，可延伸边界，然后进行延伸；如果选择"不延伸（N）"选项，只有当延伸边界与被延伸对象真正相交时，才能进行延伸。

（5）放弃（U）：取消上一次操作。

（6）按住 Shift 键选择要修剪的对象：按住 Shift 键可以把延伸命令转换为修剪命令。

4. 实例

延伸图 3-21a 中的直线和圆弧，至图 3-21b。

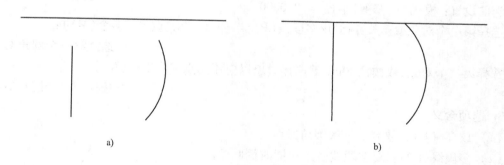

a)　　　　　　　　　　　　　　　　b)

图 3-21　延伸图形

步骤：

（1）运用直线命令和圆弧命令绘制任意直线和圆弧，如图 3-21a 所示。

（2）单击【修改】面板中【修剪】命令按钮 修剪 右侧的下三角号，选择 延伸【延伸】命令，命令行提示如下：

命令：_extend

当前设置：投影=UCS，边=无

选择边界的边……

选择对象或 ＜全部选择＞： //按 Enter 键,设置相邻边
为边界

选择要延伸的对象,或按住 Shift 键选择要修剪的对象,或
［栏选（F）/窗交（C）/投影（P）/边（E）/放弃（U）］： //左键单击图 3-21a 中垂
直直线的上端

选择要延伸的对象,或按住 Shift 键选择要修剪的对象,或
［栏选（F）/窗交（C）/投影（P）/边（E）/放弃（U）］： //左键单击图 3-21a 中圆
弧的上端

选择要延伸的对象,或按住 Shift 键选择要修剪的对象,或
［栏选（F）/窗交（C）/投影（P）/边（E）/放弃（U）］： //按 Enter 键

绘制结果如图 3-21b 所示。

3.11　圆角命令

圆角命令是指按照给定的半径给两个对象添加圆弧，这两个对象可以是圆弧、圆、直线、椭圆弧、多段线、射线等。

1. 输入命令

单击【修改】面板中的【圆角】命令按钮 ⌒圆角，或选择菜单【修改】|【圆角】，或键盘输入圆角命令 FILLET 或 F 并按 Enter 键，均可以输入圆角命令。

2. 命令行提示信息

命令：_fillet

当前设置：模式 ＝ 修剪,半径 ＝ 0.0000

选择第一个对象或［放弃（U）/多段线（P）/半径（R）/修剪（T）/多个（M）］：

//选择第一个圆角对象

选择第二个对象,或按住 Shift 键选择对象以应用角点或［半径（R）］：

//选择第二个圆角对象

3. 选项含义

（1）放弃（U）：放弃上一次圆角操作。

（2）多段线（P）：对多段线各个角同时倒圆角。

（3）半径（R）：设置当前圆角半径值。

（4）修剪（T）：此选项用于确定圆角的修剪状态。图 3-22a 所示为修剪状态，图 3-22b 所示为不修剪状态。

（5）多个（M）：该选项可以同时对多个对象进行圆角处理。

4. 实例

绘制如图 3-23 所示圆角矩形。

步骤：

（1）运用矩形命令绘制长度为 2000、宽度为 1000 的矩形。

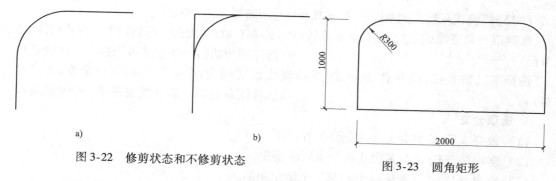

a)   b)

图 3-22　修剪状态和不修剪状态

图 3-23　圆角矩形

（2）单击【修改】面板中的【圆角】命令按钮 ⌐ 圆角，命令行提示如下：

命令：_fillet

当前设置：模式 = 修剪，半径 =0.0000

选择第一个对象或［放弃(U)/多段线(P)/半径(R)/修剪(T)/多个(M)］: r
　　　　　　　　　　　　//输入 R 并按 Enter 键,选择"半径"选项

指定圆角半径 <0.0000 >: 300　　　　//输入 300 并按 Enter 键,设置圆角半径为 300

选择第一个对象或［放弃(U)/多段线(P)/半径(R)/修剪(T)/多个(M)］: m
　　　　　　　　　　　　//输入 M 并按 Enter 键,选择"多个"选项

选择第一个对象或［放弃(U)/多段线(P)/半径(R)/修剪(T)/多个(M)］:
　　　　　　　　　　　　//选择矩形左边垂直线

选择第二个对象,或按住 Shift 键选择对象以应用角点或［半径(R)］:
　　　　　　　　　　　　//选择矩形上边水平线

选择第一个对象或［放弃(U)/多段线(P)/半径(R)/修剪(T)/多个(M)］:
　　　　　　　　　　　　//选择矩形上边水平线

选择第二个对象,或按住 Shift 键选择对象以应用角点或［半径(R)］:
　　　　　　　　　　　　//选择矩形右边垂直线

选择第一个对象或［放弃(U)/多段线(P)/半径(R)/修剪(T)/多个(M)］:
　　　　　　　　　　　　//按 Enter 键

绘制结果如图 3-23 所示。

3.12　倒角命令

倒角命令用于在两条直线之间绘制一个斜角，斜角的大小由第一个和第二个倒角距离确定。

1. 输入命令

单击【修改】面板中【圆角】命令按钮 ⌐ 圆角 ▼ 右侧的下三角号，选择【倒角】命令按钮 ⌐ 倒角，或选择菜单【修改】|【倒角】，或键盘输入倒角命令 CHAMFER 或 CHA 并按 Enter 键，均可以输入倒角命令。

2. 命令行提示信息

命令：_chamfer

（"修剪"模式）当前倒角距离 1 = 0.0000，距离 2 = 0.0000

选择第一条直线或［放弃（U）/多段线（P）/距离（D）/角度（A）/修剪（T）/方式（E）/多个（M）］： //选择倒角的第一条直线或选择一个功能选项

选择第二条直线，或按住 Shift 键选择直线以应用角点或［距离（D）/角度（A）/方法（M）］： //选择倒角的第二条直线或选择一个功能选项

3. 选项含义

（1）放弃（U）：放弃上一次倒角操作。

（2）多段线（P）：对多段线各个角同时倒角。

（3）距离（D）：设置第一个和第二个倒角距离。

（4）角度（A）：指定一条直线的倒角距离和倒角角度。

（5）修剪（T）：此选项用于确定倒角的修剪状态。图 3-24a 所示为修剪状态，图 3-24b 所示为不修剪状态。

（6）方式（E）：该选项决定采用哪种方式来倒角对象。选择该项后，系统提示："输入修剪方法［距离（D）/角度（A）］＜距离＞："，距离（D）表示采用指定两个倒角距离来倒角对象；角度（A）选项表示采用指定一个倒角距离和夹角来倒角对象。

（7）多个（M）：该选项可以同时对多个对象进行倒角处理。

4. 实例

绘制如图 3-25 所示倒角矩形。

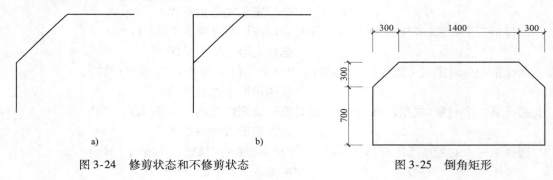

图 3-24　修剪状态和不修剪状态　　　　　图 3-25　倒角矩形

步骤：

（1）运用矩形命令绘制长度为 2000、宽度为 1000 的矩形。

（2）单击【修改】面板中【圆角】命令按钮 圆角 右侧的下三角号，选择【倒角】命令按钮 倒角，命令行提示如下：

命令：_chamfer

（"修剪"模式）当前倒角距离 1 = 0.0000，距离 2 = 0.0000

选择第一条直线或［放弃（U）/多段线（P）/距离（D）/角度（A）/修剪（T）/方式（E）/多个（M）］：D //输入 D 并按 Enter 键，选择"距离"选项

指定第一个倒角距离 ＜0.0000＞：300 //输入 300 并按 Enter 键，设置第一个倒角距离

指定第二个倒角距离 ＜300.0000＞：300 //输入 300 并按 Enter 键，设置第二个倒角距离

选择第一条直线或［放弃（U）/多段线（P）/距离（D）/角度（A）/修剪（T）/方式（E）/多个（M）］：m //输入 M 并按 Enter 键，选择"多个"选项

选择第一条直线或［放弃（U）/多段线（P）/距离（D）/角度（A）/修剪（T）/方式（E）/多个（M）］： //选择矩形左边垂直线

选择第二条直线，或按住 Shift 键选择直线以应用角点或［距离（D）/角度（A）/方法（M）］： //选择矩形上边水平线

选择第一条直线或［放弃（U）/多段线（P）/距离（D）/角度（A）/修剪（T）/方式（E）/多个（M）］： //选择矩形上边水平线

选择第二条直线，或按住 Shift 键选择直线以应用角点或［距离（D）/角度（A）/方法（M）］： //选择矩形右边垂直线

选择第一条直线或［放弃（U）/多段线（P）/距离（D）/角度（A）/修剪（T）/方式（E）/多个（M）］： //按 Enter 键，结束命令

绘制结果如图 3-25 所示。

3.13　矩形阵列命令

矩形阵列命令用于将所选择的对象按照矩形方式复制，需要指定行数、列数、行间距和列间距等。

1. 输入命令

单击【修改】面板中的【矩形阵列】命令按钮▦阵列，或选择菜单【修改】|【阵列】|【矩形阵列】，或键盘输入矩形阵列命令 ARRAYRECT 并按 Enter 键，均可以输入矩形阵列命令。

2. 命令行提示信息

命令：_arrayrect

选择对象： //选择阵列复制的源对象

选择对象： //按 Enter 键，结束对象选择状态

类型 = 矩形　关联 = 是

选择夹点以编辑阵列或［关联（AS）/基点（B）/计数（COU）/间距（S）/列数（COL）/行数（R）/层数（L）/退出（X）］＜退出＞：

//选择夹点编辑阵列或选择相应的选项设置阵列参数

3. 选项含义

（1）关联（AS）：选择该选项后，系统操作提示"创建关联阵列［是（Y）/否（N）］＜是＞："，可以修改阵列的关联性。关联阵列可以通过夹点移动调整阵列的行间距、列间距和行列数；非关联阵列每一个复制出的对象是独立的。

（2）基点（B）：该选项可以重新设置阵列的基点。

（3）计数（COU）：该选项要求输入列数和行数的数量，也可以通过表达式输入。

（4）间距（S）：该选项要求指定列之间的距离和行之间的距离。

（5）列数（COL）：该选项要求指定列数和列数之间的距离。

（6）行数（R）：该选项要求指定行数和行数之间的距离。

（7）层数（L）：该选项要求指定层数和层数之间的距离，一般用于三维绘图。

（8）退出（X）：该选项表示退出矩形阵列命令。

4. 实例

绘制如图 3-26 所示图形。

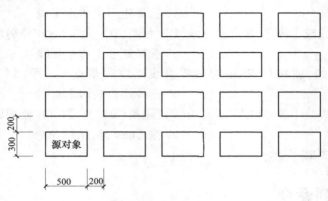

图 3-26　矩形阵列应用

步骤：

（1）运用矩形命令绘制长度为 500、宽度为 300 的矩形。

（2）单击【修改】面板中的【矩形阵列】命令按钮 阵列，命令行提示如下：

命令：_arrayrect

选择对象：找到 1 个　　　　　　　　　　　//选择图 3-26 中的矩形源对象

选择对象：　　　　　　　　　　　　　　　//按 Enter 键,结束对象选择状态

类 型 = 矩形　 关联 = 是

选择夹点以编辑阵列或［关联（AS）/基点（B）/计数（COU）/间距（S）/列数（COL）/行数

（R）/层数（L）/退出（X）］＜退出＞：COL　　//输入 COL 并按 Enter 键,选择"列数"选项

输入列数数或［表达式（E）］＜4＞：5　　//输入 5 并按 Enter 键,设置 5 列

指定 列数 之间的距离或［总计（T）/表达式（E）］＜750＞：700

　　　　　　　　　　　　　　　　　　　//输入 700 并按 Enter 键,设置列间距为 700

选择夹点以编辑阵列或［关联（AS）/基点（B）/计数（COU）/间距（S）/列数（COL）/行数

（R）/层数（L）/退出（X）］＜退出＞：R　　//输入 R 并按 Enter 键,选择"行数"选项

输入行数数或［表达式（E）］＜3＞：4　　//输入 4 并按 Enter 键,设置行数为 4

指定 行数 之间的距离或［总计（T）/表达式（E）］＜450＞：500

　　　　　　　　　　　　　　　　　　　//输入 500 并按 Enter 键,设置行间距为 500

指定 行数 之间的标高增量或［表达式（E）］＜0＞：//按 Enter 键

选择夹点以编辑阵列或［关联（AS）/基点（B）/计数（COU）/间距（S）/列数（COL）/行数

（R）/层数（L）/退出（X）〕 ＜退出＞：　　　　　　　　//按 Enter 键

绘制结果如图 3-26 所示。

3.14 环形阵列命令

环形阵列命令用于将所选择的对象按照环形方式复制，需要指定项目数、项目间角度等。

1. 输入命令

单击【修改】面板中【矩形阵列】命令按钮 ⊞ 阵列 ·右侧的下三角号，选择【环形阵列】命令按钮 🔳 环形阵列，或选择菜单【修改】│【阵列】│【环形阵列】，或键盘输入环形阵列命令 ARRAYPOLAR 并按 Enter 键，均可以输入环形阵列命令。

2. 命令行提示信息

命令：_arraypolar

选择对象：　　　　　　　　　　　　　　//选择阵列复制的源对象

选择对象：　　　　　　　　　　　　　　//按 Enter 键，结束对象选择状态

类型 = 极轴　关联 = 是

指定阵列的中心点或〔基点（B）/旋转轴（A）〕：　　//指定环形阵列的中心点

选择夹点以编辑阵列或〔关联（AS）/基点（B）/项目（I）/项目间角度（A）/填充角度（F）/行（ROW）/层（L）/旋转项目（ROT）/退出（X）〕＜退出＞：

　　　　　　　　　　　　　　//使用夹点编辑阵列或选择相应的
　　　　　　　　　　　　　　选项设置环形阵列参数

3. 选项含义

（1）关联（AS）：选择该选项后，系统操作提示"创建关联阵列〔是（Y）/否（N）〕＜是＞："，可以修改阵列的关联性。

（2）基点（B）：该选项可以重新设置阵列的基点。

（3）项目（I）：该选项要求输入阵列的项目数，即复制对象的个数。

（4）项目间角度（A）：复制对象之间的夹角。

（5）填充角度（F）：指定复制项目的填充角度，正值为逆时针，负值为顺时针。

（6）行（ROW）：该选项要求指定行数和行数之间的距离。

（7）层（L）：该选项要求指定层数和层数之间的距离，一般用于三维绘图。

（8）旋转项目（ROT）：选择该选项后，系统提示："是否旋转阵列项目？〔是（Y）/否（N）〕＜是＞："，如果选择"是（Y）"，则阵列时旋转项目，如图 3-27a 所示；如果选择"否（N）"，则阵列时不旋转项

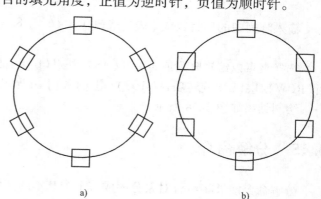

a)　　　　　　　　　　　　b)

图 3-27　阵列时旋转项目和不旋转项目

目，如图 3-27b 所示。

（9）退出（X）：该选项表示退出环形阵列命令。

4. 实例

绘制如图 3-28 所示图形。

步骤：

（1）运用圆命令绘制如图 3-29 所示的两个圆。

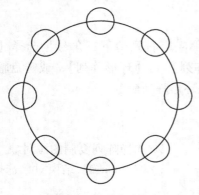

图 3-28　环形阵列应用

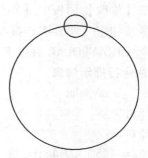

图 3-29　绘制大圆和小圆

（2）单击【修改】面板中【矩形阵列】命令按钮 ⊞ 阵列 · 右侧的下三角号，选择【环形阵列】命令按钮 ⊞ 环形阵列，命令行提示如下：

命令：_arraypolar

选择对象：找到 1 个　　　　　　　　　　　　//选择图 3-29 中的小圆

选择对象：　　　　　　　　　　　　　　　//按 Enter 键

类型 = 极轴　关联 = 是

指定阵列的中心点或［基点（B）/旋转轴（A）］：　　//捕捉大圆的圆心为阵列的中心点

选择夹点以编辑阵列或［关联（AS）/基点（B）/项目（I）/项目间角度（A）/填充角度（F）/行（ROW）/层（L）/旋转项目（ROT）/退出（X）］＜退出＞：I //输入 I 并按 Enter 键，"选择项目"选项

输入阵列中的项目数或［表达式（E）］＜6＞：8　　//输入 8 并按 Enter 键，设置项目数为 8

选择夹点以编辑阵列或［关联（AS）/基点（B）/项目（I）/项目间角度（A）/填充角度（F）/行（ROW）/层（L）/旋转项目（ROT）/退出（X）］＜退出＞：　//按 Enter 键

绘制结果如图 3-28 所示。

3.15　分解命令

分解命令能够将组合对象分解成若干个基本的实体对象，以对其进行编辑。可用于分解的图形有多段线、多线、矩形、多边形、圆环、多行文本、尺寸标注等。

1. 输入命令

单击【修改】面板中的【分解】命令按钮 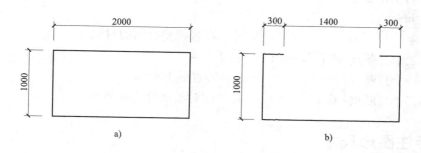，或选择菜单【修改】｜【分解】，或键盘输入分解命令 EXPLODE 或 X 并按 Enter 键，均可以输入分解命令。

2. 命令行提示信息

命令：_explode

选择对象：　　　　　　　　　　//选择要分解的对象

选择对象：　　　　　　　　　　//按 Enter 键

3.16　打断命令

打断命令用于删除对象的一部分或把对象分解成两部分。

1. 输入命令

单击【修改】面板中的【打断】命令按钮 ，或选择菜单【修改】｜【打断】，或键盘输入打断命令 BREAK 或 BR 并按 Enter 键，均可以输入打断命令。

2. 命令行提示信息

命令：_break

选择对象：　　　　　　　　　　//选择要打断的对象

指定第二个打断点 或 [第一点(F)]：　　//指定第二个打断点或者选择"第一点(F)"选项重新设置第一个打断点

3. 选项含义

第一点（F）：选择该选项后，可以重新指定对象上的第一个打断点，否则采用选择对象时的点作为默认的第一个打断点。

4. 实例

运用打断命令打断图 3-30a 所示的矩形，打断后如图 3-30b 所示。

图 3-30　打断命令应用

步骤：

（1）运用矩形命令绘制如图 3-30a 所示的矩形，矩形长度为 2000、宽度为 1000。

（2）单击【修改】面板中的【打断】命令按钮 ，命令行提示如下：

命令：_break

选择对象：　　　　　　　　　　//选择矩形

指定第二个打断点 或 ［第一点（F）］: f　//输入 F 并按 Enter 键,选择"第一点"选项

指定第一个打断点: 300　　　　　　//将鼠标指针移至矩形的左上角点,出现端点捕
　　　　　　　　　　　　　　　　捉提示,沿水平向右方向移动鼠标,出现向右
　　　　　　　　　　　　　　　　的对象追踪线,如图 3-31 所示,输入 300 并按
　　　　　　　　　　　　　　　　Enter 键

指定第二个打断点: 300　　　　　　//将鼠标指针移至矩形的右上角点,出现端点捕
　　　　　　　　　　　　　　　　捉提示,沿水平向左方向移动鼠标,出现向左
　　　　　　　　　　　　　　　　的对象追踪线,输入 300 并按 Enter 键

打断结果如图 3-30b 所示。

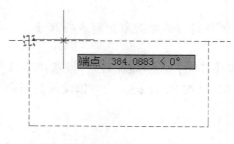

图 3-31　矩形左上角点向右追踪

3.17　打断于点命令

打断于点命令用于将对象从某一点处断开成两个对象。

1. 输入命令

单击【修改】面板中的【打断于点】命令按钮▭,可以输入打断于点命令。

2. 命令行提示信息

命令: _break

选择对象:　　　　　　　　　　　　//选择要打断的对象

指定第二个打断点 或 ［第一点（F）］: _f

指定第一个打断点:　　　　　　　　//指定打断点

指定第二个打断点: @　　　　　　　//对象被分成两部分

3.18　标注图形尺寸

尺寸标注是图形设计的一项重要内容,能够反映对象的真实大小和相互位置。尺寸标注包括线性标注、对齐标注、半径标注、直径标注、引线标注、坐标标注等。

3.18.1　标注菜单和标注面板

AutoCAD 2014 的标注命令和标注编辑命令都集中在【标注】菜单和【标注】面板中。利用这些标注命令可以方便地进行各种尺寸标注。

（1）单击快速访问工具栏右侧的下三角号，如图 3-32 所示，弹出自定义快速访问工具栏菜单，如图 3-33 所示，选择"显示菜单栏"选项，将在 AutoCAD 2014 的界面显示菜单。单击【标注】菜单，将弹出图 3-34 所示的【标注】子菜单，可以执行各个标注命令。

（2）单击【注释】选项卡，再单击【标注】面板中标注命令下的三角号，弹出各种标注命令，如图 3-35 所示。

图 3-32　快速访问工具栏

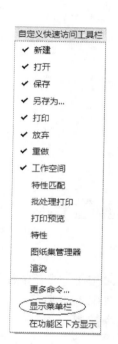

图 3-33　自定义快速
访问工具栏

图 3-34　【标注】子菜单

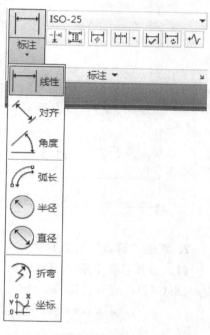

图 3-35　【标注】面板中的标注命令

3.18.2　创建"建筑"标注样式

本节以"建筑"标注样式的创建为例讲解标注样式的创建过程，步骤如下：

1. 设置"数字"文字样式

激活【默认】选项卡。单击【注释】面板的按钮注释▼，展开注释面板，如图 3-36 所示。单击【文字样式】命令按钮 ，弹出【文字样式】对话框。单击【新建】按钮，弹出【新建文字样式】对话框，如图 3-37 所示，在【样式名】文本框中输入新样式名

图 3-36　展开注释面板

68

"数字"，单击【确定】按钮，返回【文字样式】对话框。从【字体名】下拉列表框中选择"romans. shx"字体，【宽度因子】文本框设置为0.8，【高度】文本框保留默认的值0，【文字样式】对话框如图3-38所示，依次单击【应用】按钮、【置为当前】按钮和【关闭】按钮。

图 3-37 【新建文字样式】对话框

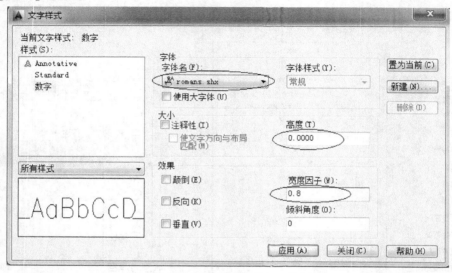

图 3-38 【文字样式】对话框

2. 新建"建筑"标注样式

（1）选择菜单【标注】|【标注样式】，也可以单击【注释】面板中的 ◢ 按钮，或者在命令行输入 DIMSTYLE 或 D 并按 Enter 键，将弹出【标注样式管理器】对话框，如图3-39所示。

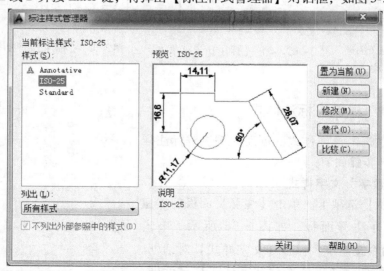

图 3-39 【标注样式管理器】对话框

注意：在【样式】列表框中列出了当前文件所设置的所有标注样式，【预览】显示框用来显示【样式】列表框中所选的尺寸标注样式。【置为当前】按钮可以将【样式】列表框中所选的尺寸标注样式设置为当前样式，【新建】按钮可新建尺寸标注样式，【修改】按钮可修改当前选中的尺寸标注样式。

（2）单击【新建】按钮，弹出【创建新标注样式】对话框，选择【基础样式】为"ISO-25"，在【新样式名】文本框中输入"建筑"样式名，如图 3-40 所示。

注意：【基础样式】下拉列表框可以选择新建标注样式的模板，新建的标注样式将在基础样式的基础上进行修改。

（3）单击【继续】按钮，将弹出【新建标注样式：建筑】对话框，单击【线】选项卡，将【尺寸界线】选项区域中的【起点偏移量】值设置为 3，如图 3-41 所示。

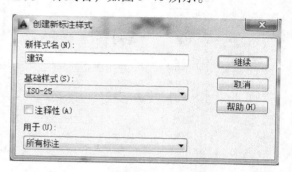

图 3-40 【创建新标注样式】对话框

注意：【新建标注样式：建筑】对话框包含【线】、【符号和箭头】、【文字】、【调整】、【主单位】、【换算单位】和【公差】7 个选项卡。各选项卡的功能及作用如下：

1）【线】选项卡：用来设置尺寸线及尺寸界线的格式和位置。

2）【符号和箭头】选项卡：用来设置箭头及圆心标记的样式和大小、弧长符号的样式、半径折弯角度等参数。

3）【文字】选项卡：用来设置文字的外观、位置、对齐方式等参数。

4）【调整】选项卡：用来设置标注特征比例、文字位置等，还可以根据尺寸界线的距离设置文字和箭头的位置。

5）【主单位】选项卡：用来设置主单位的格式和精度。

6）【换算单位】选项卡：用来设置换算单位的格式和精度。

7）【公差】选项卡：用来设置公差的格式和精度。

（4）单击【符号和箭头】选项卡，在【箭头】选项区域中，将箭头的格式设置为"建筑标记"，箭头大小设置为 1.5，如图 3-42 所示。

（5）单击【文字】选项卡，在【文字外观】选项区域中，从【文字样式】下拉列表框中选择"数字"文字样式，【文字高度】文本框设置为 2.5，如图 3-43 所示。

（6）单击【调整】选项卡，在【文字位置】选项区域中，选中【尺寸线上方，不带引线】单选按钮，如图 3-44 所示。

注意：实际绘图时，需要根据比例调整全局比例。例如：出图比例为 1:100，可将"使用全局比例"设置为 100，使得 AutoCAD 中尺寸标注的各项值等于标注样式管理器对话框中的对应值乘以 100。

（7）单击【主单位】选项卡，将【线性标注】选项区域的【单位格式】设置为"小数"，【精度】设置为 0，如图 3-45 所示。

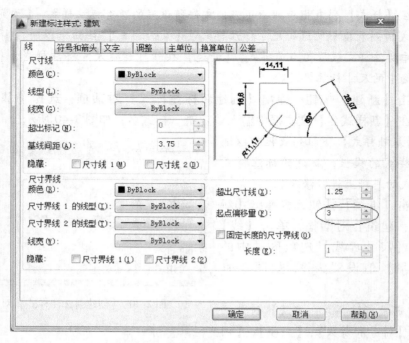

图 3-41 【新建标注样式：建筑】对话框

（8）单击【确定】按钮，回到【标注样式管理器】对话框，在【样式】列表框中选择"建筑"标注样式，单击【置为当前】按钮，将当前样式设置为"建筑"标注样式，单击【关闭】按钮，完成"建筑"标注样式的设置。

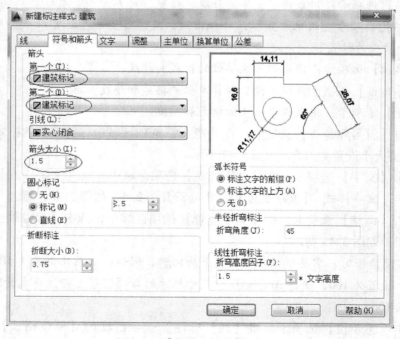

图 3-42 【符号和箭头】选项卡

图 3-43 【文字】选项卡

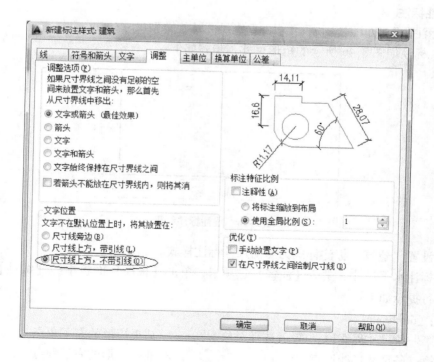

图 3-44 【调整】选项卡

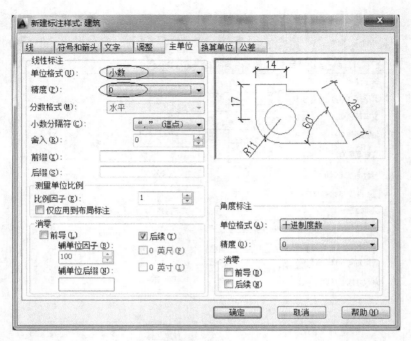

图 3-45 【主单位】选项卡

3.18.3 常用标注命令及功能

1. 线性标注

线性标注命令可以创建水平尺寸、垂直尺寸及旋转型尺寸标注。

例如，标注如图 3-46 所示的矩形尺寸，步骤如下：

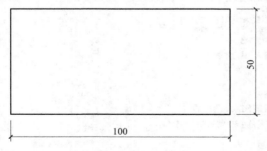

图 3-46 线性标注结果

（1）设置"建筑"标注样式为当前尺寸标注样式。

（2）标注水平尺寸。激活【注释】选项卡，单击【标注】面板中的【线性】命令按钮 凵，命令行提示如下：

命令：_dimlinear

指定第一条尺寸界线原点或 <选择对象>：　　　//捕捉矩形的左下角点

指定第二条尺寸界线原点：　　　　　　　　　//捕捉矩形的右下角点

指定尺寸线位置或

〔多行文字(M)/文字(T)/角度(A)/水平(H)/垂直(V)/旋转(R)〕:

　　　　　　　　　　　　　　　　　　　//在适当位置单击左键确定尺寸线的位置

标注文字 = 100　　　　　　　　　　　//显示标注尺寸值

（3）标注垂直尺寸。

命令:　　　　　　　　　　　　　　　　//按 Enter 键,输入上一次线性标注命令

DIMLINEAR

指定第一条尺寸界线原点或 <选择对象>:　　//捕捉矩形的右下角点

指定第二条尺寸界线原点:　　　　　　　//捕捉矩形的右上角点

指定尺寸线位置或

〔多行文字(M)/文字(T)/角度(A)/水平(H)/垂直(V)/旋转(R)〕:

　　　　　　　　　　　　　　　　　　　//在适当位置单击左键确定尺寸线的位置

标注文字 = 50　　　　　　　　　　　　//显示标注尺寸值

2. 对齐标注

　　对齐标注命令的尺寸线与被标注对象的边保持平行。

　　例如，标注如图 3-47 所示的边长为 50 的等边三角形的斜边，步骤如下：

　　（1）设置"建筑"标注样式为当前尺寸标注样式。

　　（2）单击【标注】面板中【标注】下的下三角号，选择【对齐】命令按钮╲对齐，命令行提示如下：

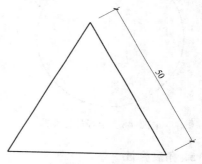

图 3-47　对齐标注结果

命令:_dimaligned

指定第一条尺寸界线原点或 <选择对象>:　　//捕捉三角形的右下端点

指定第二条尺寸界线原点:　　　　　　　//捕捉三角形的上端点

指定尺寸线位置或

〔多行文字(M)/文字(T)/角度(A)〕:　　//在适当位置单击

标注文字 = 50　　　　　　　　　　　　//显示尺寸标注的值

3. 半径标注

半径标注命令可以标注圆或圆弧的半径。

　　例如，标注如图 3-48 所示的圆的半径，步骤如下：

（1）设置系统默认的"ISO-25"标注样式为当前尺寸标注样式。

（2）单击【标注】面板中【标注】下的下三角号，选择【半径】命令按钮◯半径，命令行提示如下：

命令:_dimradius

选择圆弧或圆:　　　　　　　　　　　　//选择圆

标注文字 = 25

指定尺寸线位置或〔多行文字(M)/文字(T)/角度(A)〕:　　//在适当位置单击

4. 直径标注

直径标注命令可以标注圆或圆弧的直径。

例如，标注如图 3-49 所示的圆的直径，步骤如下：

(1) 设置系统默认的"ISO-25"标注样式为当前尺寸标注样式。

(2) 单击【标注】面板中【标注】下的下三角号，选择【直径】命令按钮◎直径，命令行提示如下：

命令：_dimdiameter

选择圆弧或圆：　　　　　　　　　　　　　　　//选择圆

标注文字 ＝ 40

指定尺寸线位置或 [多行文字(M)/文字(T)/角度(A)]：//在适当位置单击

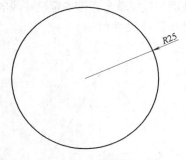

图 3-48　半径标注结果

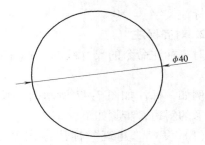

图 3-49　直径标注结果

5. 角度标注

角度标注命令可以标注圆弧或两条直线的角度。

例 1：标注如图 3-50 所示的圆弧的角度。

步骤：

(1) 设置系统默认的"ISO-25"标注样式为当前尺寸标注样式。

(2) 单击【标注】面板中【标注】下的下三角号，选择【角度】命令按钮△角度，命令行提示如下：

命令：_dimangular

选择圆弧、圆、直线或 <指定顶点>：　　　　　　//选择圆弧

指定标注弧线位置或 [多行文字(M)/文字(T)/角度(A)/象限点(Q)]：

　　　　　　　　　　　　　　　　　　　　　　//在适当位置单击

标注文字 ＝ 120　　　　　　　　　　　　　　//显示标注结果

例 2：标注如图 3-51 所示的两条直线的角度。

步骤：

(1) 设置系统默认的"ISO-25"标注样式为当前尺寸标注样式。

(2) 单击【标注】面板中【标注】下的下三角号，选择【角度】命令按钮△角度，命令行提示如下：

命令：_dimangular

选择圆弧、圆、直线或 <指定顶点>：　　　　　　//选择直线 AB(图 3-51)

选择第二条直线：　　　　　　　　　　　　　　　　　　　//选择直线 AC
指定标注弧线位置或［多行文字（M）/文字（T）/角度（A）/象限点（Q）］：
　　　　　　　　　　　　　　　　　　　　　　　　　　　//在适当位置单击
标注文字 = 45　　　　　　　　　　　　　　　　　　　　//显示标注结果

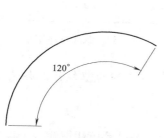

图 3-50　圆弧角度标注结果

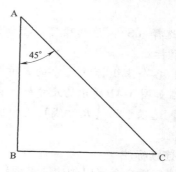

图 3-51　直线夹角标注结果

6. 基线标注

基线标注命令可以创建一系列由相同的标注原点测量出来的标注，各个尺寸标注具有相同的第一条尺寸界线。基线标注命令在使用前，必须先创建一个线性标注、角度标注或坐标标注作为基准标注。

例如，标注如图 3-52 所示的基线尺寸标注。

步骤：

（1）设置"建筑"标注样式为当前尺寸标注样式。

（2）线性标注。单击【标注】面板中的【线性】命令按钮 ⊢，命令行提示如下：

命令：_dimlinear

指定第一条尺寸界线原点或 <选择对象>：　　　　　　//捕捉 A 点（图 3-52）
指定第二条尺寸界线原点：　　　　　　　　　　　　　//捕捉 B 点
指定尺寸线位置或
［多行文字 （M）/文字 （T）/角度 （A）/水平 （H）/垂直 （V）/旋转 （R）］：
　　　　　　　　　　　　　　　　　　　　　　　　//在适当位置单击
标注文字 = 30　　　　　　　　　　　　　　　　　　//显示标注结果

（3）基线标注。单击【标注】面板中【连续】命令按钮 ⊢⊢ 右侧的下三角号，选择【基线】命令按钮 ⊢基线，命令行提示如下：

命令：_dimbaseline

指定第二条尺寸界线原点或［放弃（U）/选择（S）］<选择>：　//捕捉 C 点
标注文字 = 60
指定第二条尺寸界线原点或［放弃（U）/选择（S）］<选择>：　//捕捉 D 点
标注文字 = 90
指定第二条尺寸界线原点或［放弃（U）/选择（S）］<选择>：　//按 Enter 键
选择基准标注：　　　　　　　　　　　　　　　　　　　　//按 Enter 键

基线标注结果如图 3-52 所示。

注意：

（1）基线标注命令各选项含义如下：

● 放弃（U）：表示取消前一次基线标注尺寸。

● 选择（S）：该选项可以重新选择基线标注的基准标注。

（2）各个基线标注尺寸的尺寸线之间的间距可以在如图 3-41 所示的尺寸标注样式中设置，在【线】选项卡的【尺寸线】选项区域中，【基线间距】的值即为基线标注各尺寸线之间的间距值。

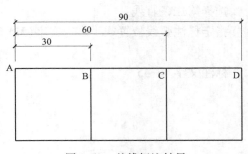

图 3-52　基线标注结果

7. 连续标注

连续标注命令可以创建一系列端对端的尺寸标注，后一个尺寸标注把前一个尺寸标注的第二个尺寸界线作为它的第一个尺寸界线。与基线标注命令一样，连续标注命令在使用前，也得先创建一个线性标注、角度标注或坐标标注作为基准标注。

例如，标注如图 3-53 所示的连续尺寸标注。

步骤：

（1）设置"建筑"标注样式为当前尺寸标注样式。

（2）运用线性标注命令标注 A 点和 B 点之间的尺寸，两条尺寸界线原点分别为 A 点和 B 点，标注文字为 30。

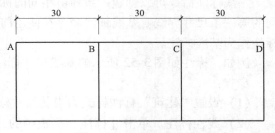

图 3-53　连续标注结果

（3）连续标注。单击【标注】面板中的【连续】命令按钮，命令行提示如下：

命令：_dimcontinue

指定第二条尺寸界线原点或［放弃（U）/选择（S）］＜选择＞：　//捕捉 C 点（图 3-53）

标注文字＝30

指定第二条尺寸界线原点或［放弃（U）/选择（S）］＜选择＞：　//捕捉 D 点（图 3-53）

标注文字＝30

指定第二条尺寸界线原点或［放弃（U）/选择（S）］＜选择＞：　//按 Enter 键

选择连续标注：　　　　　　　　　　　　　　　　　　//按 Enter 键

连续标注结果如图 3-53 所示。

3.19　思考题与练习题

1. 思考题

（1）复制命令与镜像命令有何区别？

（2）修剪命令与延伸命令有何区别与联系？

（3）构造选择集有哪几种方式？

（4）环形阵列与矩形阵列各适用于哪种情况？

2. 将左侧的命令与右侧的功能连接起来

ERASE	镜像
MIRROR	复制
COPY	删除
ARRAY	阵列
EXPLODE	修剪
TRIM	延伸
EXTEND	圆角
FILLET	分解
STRETCH	拉伸
SCALE	缩放
CHAMFER	旋转
MOVE	移动
ROTATE	倒角

3. 选择题

（1）下列是移动命令的快捷键的是（　　）。

A. RO　　　　　　B. M　　　　　　C. CO　　　　　　D. SC

（2）运用延伸命令延伸对象时，在"选择延伸的对象"提示下，按住（　　）键，可以由延伸对象状态变为修剪对象状态。

A. Alt　　　　　　B. Ctrl　　　　　　C. Shift　　　　　　D. 以上均可

（3）分解命令 EXPLODE 可分解的对象有（　　）。

A. 尺寸标注　　　B. 块　　　　　　C. 多段线　　　　D. 图案填充　　　　E. 以上均可

（4）设置图形界限的命令是（　　）。

A. SNAP　　　　　B. LIMITS　　　　C. UNITS　　　　D. GRID

（5）当使用移动命令和复制命令编辑对象时，两个命令具有的相同功能是（　　）。

A. 对象的尺寸不变　　　　　　　　B. 对象的方向被改变了

C. 原实体保持不变，增加了新的实体　　D. 对象的基点必须相同

4. 绘制下列各家具图

（1）柜台平面图，如图 3-54 所示。

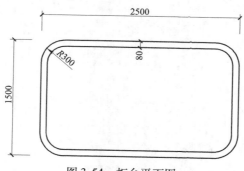

图 3-54　柜台平面图

（2）沙发平面图，如图 3-55 所示。

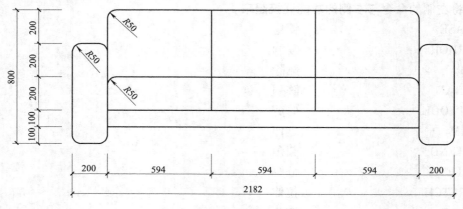

图 3-55　沙发平面图

（3）桌椅平面图，如图 3-56 所示。

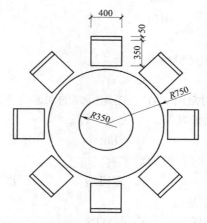

图 3-56　桌椅平面图

第4章 绘制各类家具

家具是人类维持正常生活、从事生产实践和开展社会活动必不可少的一类用具。它可以在生活、工作或社会实践中供人们坐、卧或支撑与储存物品，它既要满足某些特定的用途，又要满足供人们观赏，使人在接触和使用过程中产生某种审美快感和引发丰富联想的精神需求。本章将讲述各种家具的绘制方法。

4.1 绘制双人床平面图

本实例以双人床平面图为例，讲解直线命令、矩形命令、圆命令的使用方法，绘制结果如图4-1所示。

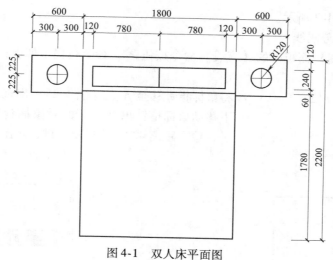

图4-1 双人床平面图

步骤：

1. 设置绘图界限

选择菜单【格式】|【图形界限】，命令行提示如下：

命令：'_limits

重新设置模型空间界限：

指定左下角点或［开(ON)/关(OFF)］<0.0000,0.0000>：　　　//按 Enter 键，指定左下角
　　　　　　　　　　　　　　　　　　　　　　　　　　　　　　　　点为原点

指定右上角点 <420.0000, 297.0000>：3500, 3500　　　//输入右上角点的坐标3500,
　　　　　　　　　　　　　　　　　　　　　　　　　　　　　　　3500 并按 Enter 键

在命令行中输入 Z 并按 Enter 键，命令行提示如下：

命令：ZOOM

指定窗口的角点，输入比例因子（nX 或 nXP），或者

［全部（A）/中心（C）/动态（D）/范围（E）/上一个（P）/比例（S）/窗口（W）/对象（O）］<
实时>:a

正在重生成模型。　　　　　　　//输入 A 并按 Enter 键，选择"全部"选项，显示图形界限

2. 绘制双人床

（1）绘制床外轮廓。单击【绘图】面板中的【矩形】命令按钮 □，命令行提示如下：

命令：_rectang

指定第一个角点或［倒角（C）/标高（E）/圆角（F）/厚度（T）/宽度（W）］:
　　　　　　　　　　　　　　　　　　　　//在绘图区之内任意指定一点

指定另一个角点或［面积（A）/尺寸（D）/旋转（R）]:d　//输入 D 并按 Enter 键，选择"尺寸"选项

指定矩形的长度 <10.0000>:1800　　　　　//输入矩形的长度 1800 并按 Enter 键
指定矩形的宽度 <10.0000>:2200　　　　　//输入矩形的宽度 2200 并按 Enter 键
指定另一个角点或［面积（A）/尺寸（D）/旋转（R）］:　//指定矩形所在一侧的点以确定矩形的方向

绘制结果如图 4-2 所示。

（2）绘制床的分隔线

1）单击【绘图】面板中的【直线】命令按钮 ✐，命令行提示如下：

命令：_line

指定第一个点:420　　　　　//将鼠标指针移至 A 点（图 4-2），出现端点捕捉提示，向下移动鼠标指针出现向下的对象捕捉追踪，如图 4-3 所示，输入距离 420 并按 Enter 键，定出直线的第一个点

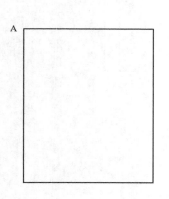

图 4-2　床轮廓线

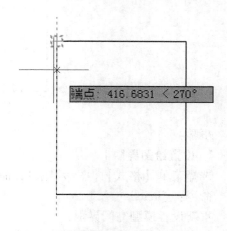

图 4-3　沿 A 点向下追踪

指定下一点或［放弃（U）]://沿水平向右极轴方向移动鼠标指针，至矩形右端轮廓线出现交点捕捉提示，如图 4-4 所示，单击左键定出直线的下一点

指定下一点或［放弃（U）］:　//按 Enter 键，结束命令

绘制结果如图 4-5 所示。

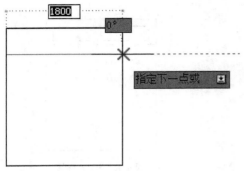
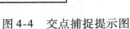

图 4-4　交点捕捉提示图

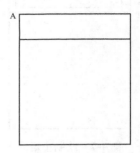

图 4-5　上端分隔线绘制结果

2）单击【绘图】面板中的【矩形】命令按钮 ▭，命令行提示如下：

命令：_rectang

指定第一个角点或［倒角（C）/标高（E）/圆角（F）/厚度（T）/宽度（W）］：_from 基点：＜偏移＞：@120，−120

图 4-6　对象捕捉快捷菜单

//按住 Shift 键并单击右键，弹出对象捕捉快捷菜单，选择"自"选项，如图 4-6 所示，捕捉 A 点作为基点，输入相对坐标@120，−120 并按 Enter 键

指定另一个角点或［面积（A）/尺寸（D）/旋转（R）］：d

　　　　　　//输入 D 并按 Enter 键，选择"尺寸"选项

指定矩形的长度＜1800.0000＞：1560

　　　　　　//输入矩形长度 1560 并按 Enter 键

指定矩形的宽度＜2200.0000＞：240

　　　　　　//输入矩形宽度 240 并按 Enter 键

指定另一个角点或［面积（A）/尺寸（D）/旋转（R）］：

　　　　　　//在矩形右下方单击左键确定矩形
　　　　　　方向绘制结果如图 4-7 所示。

（3）单击【绘图】面板中的【直线】命令按钮 ╱，命令行提示如下：

命令：_line

指定第一个点：　　　　　　//捕捉图 4-7 中小矩形的上边线段中点

指定下一点或［放弃（U）］：　　//捕捉图 4-7 中小矩形的下边线段中点

指定下一点或［放弃（U）］：　　//按 Enter 键

绘制结果如图 4-8 所示。

3. 绘制床头柜

（1）单击【绘图】面板中的【矩形】命令按钮 ▭，命令行提示如下：

命令：_rectang

指定第一个角点或［倒角（C）/标高（E）/圆角（F）/厚度（T）/宽度（W）］：

　　　　　　//在绘图区之内任意指定一点

82

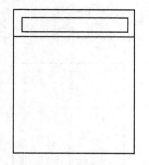

图 4-7 绘制小矩形

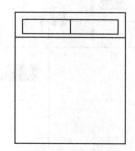

图 4-8 绘制直线

指定另一个角点或［面积(A)/尺寸(D)/旋转(R)］: d

　　　　　　　　　　　　　　　　　　　//输入 D 并按 Enter 键，选择"尺寸"选项

指定矩形的长度 <450. 0000 > : 600　　　//输入矩形的长度 600 并按 Enter 键

指定矩形的宽度 <600. 0000 > : 450　　　//输入矩形的宽度 450 并按 Enter 键

指定另一个角点或［面积(A)/尺寸(D)/旋转(R)］:

　　　　　　　　　　　　　　　　　　　//指定矩形所在一侧的点以确定矩形的方向

(2) 单击【绘图】面板中【圆】命令按钮⊘下侧的下三角号，选择⊘圆心、半径【圆心、半径】选项，命令行提示如下：

命令: _circle

指定圆的圆心或［三点(3P)/两点(2P)/切点、切点、半径(T)］:

　　　　//将鼠标指针移至小矩形上边线段的中点出现中点捕捉提示，向下移动鼠标指针出
　　　　　现对象追踪线，再将鼠标指针移至小矩形左边线段的中点出现中点捕捉提示，向
　　　　　右移动鼠标指针出现对象追踪线，在两条对象追踪线的交点处单击左键，如图
　　　　　4-9 所示。

指定圆的半径或［直径(D)］: 120　　　　//输入 120 并按 Enter 键

绘制结果如图 4-10 所示。

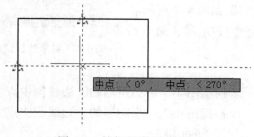

图 4-9 捕捉矩形的中心点

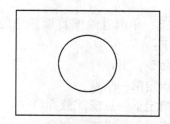

图 4-10 绘制圆

(3) 单击【绘图】面板中的【直线】命令按钮╱，命令行提示如下：

命令: _line

指定第一个点:　　　　　　　　　　　　//捕捉圆的上端象限点，如图 4-11 所示

指定下一点或［放弃(U)］:　　　　　　　//捕捉圆的下端象限点，如图 4-12 所示

指定下一点或［放弃(U)］:　　　　　　　//按 Enter 键

直接按 Enter 键，输入上一次直线命令，命令行提示如下：

命令：　LINE

指定第一个点：　　　　　　　　　　　　　　//捕捉圆的左端象限点，如图 4-13 所示

指定下一点或［放弃（U）］：　　　　　　　//捕捉圆的右端象限点，如图 4-14 所示

指定下一点或［放弃(U)］：　　　　　　　//按 Enter 键

绘制结果如图 4-15 所示。

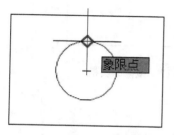
图 4-11　捕捉圆的上端象限点

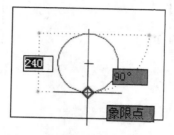
图 4-12　捕捉圆的下端象限点

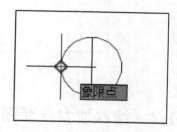
图 4-13　捕捉圆的左端象限点

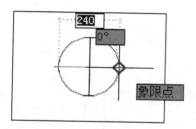
图 4-14　捕捉圆的右端象限点

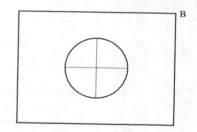
图 4-15　床头柜

4. 移动并镜像床头柜

（1）移动床头柜。单击【修改】面板中的【移动】命令按钮✥ 移动，命令行提示如下：

命令：_move

选择对象：指定对角点：找到 4 个　　　　　//选择图 4-15 中的床头柜

选择对象：　　　　　　　　　　　　　　　//按 Enter 键，结束对象选择状态

指定基点或［位移（D）］＜位移＞：＜对象捕捉开＞　//捕捉图 4-15 中的 B 点

指定第二个点或 ＜使用第一个点作为位移＞：　//捕捉双人床左上角点

绘制结果如图 4-16 所示。

（2）镜像床头柜。单击【修改】面板中的【镜像】命令按钮◭ 镜像，命令行提示如下：

命令：_mirror

选择对象：指定对角点：找到 4 个　　　　　//选择图 4-16 中的床头柜

选择对象：　　　　　　　　　　　　　　　//按 Enter 键，结束对象选择状态

指定镜像线的第一点：　　　　　　　　　　//捕捉图 4-16 的中点 C

指定镜像线的第二点：　　　　　　　　　　//沿垂直向下方向任意一点单击左键

要删除源对象吗？［是(Y)/否(N)］＜N＞：　//按 Enter 键，不删除源对象

绘制结果如图 4-17 所示。

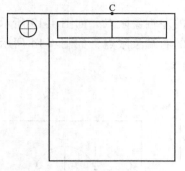

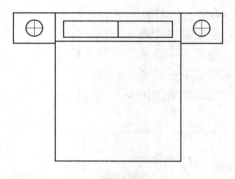

图 4-16 移动床头柜   图 4-17 镜像床头柜

4.2 绘制沙发平面图

本实例以沙发平面图为例，讲解矩形命令、直线命令、圆角命令、阵列命令的使用方法，绘制结果如图 4-18 所示。

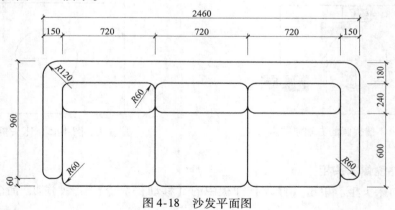

图 4-18 沙发平面图

步骤：

1. 设置绘图界限

选择菜单【格式】|【图形界限】，根据命令行提示指定左下角点为原点，右上角点为 "3000，3000"。在命令行中输入 ZOOM 命令，按 Enter 键后选择 "全部" 选项，显示图形界限。

2. 绘制沙发坐垫

（1）单击【绘图】面板中的【矩形】命令按钮 ▭，命令行提示如下：

命令：_rectang

指定第一个角点或 [倒角（C）/标高（E）/圆角（F）/厚度（T）/宽度（W）]：F

　　　　　　　　　　　　　　　//输入 F 并按 Enter 键，选择 "圆角" 选项

指定矩形的圆角半径 <0.0000>：60　　　//输入 60 并按 Enter 键，设置 "圆角" 半径为 60

指定第一个角点或 [倒角（C）/标高（E）/圆角（F）/厚度（T）/宽度（W）]：

　　　　　　　　　　　　　　　　　//在绘图区任意位置单击左键

指定另一个角点或［面积(A)/尺寸(D)/旋转(R)］：D

　　　　　　　　　　　//输入 D 并按 Enter 键，选择"尺寸"选项

指定矩形的长度 <10.0000>：720　　//输入 720 并按 Enter 键，设置矩形长度为 720

指定矩形的宽度 <10.0000>：240　　//输入 240 并按 Enter 键，设置矩形宽度为 240

指定另一个角点或［面积(A)/尺寸(D)/旋转(R)］：

　　　　　　　　　　　//在合适位置单击左键确定矩形方向

绘制结果如图 4-19 所示。

（2）单击【绘图】面板中的【直线】命令按钮 ✏，命令行提示如下：

命令：_line

指定第一个点：　　　　　　　　//捕捉端点 A（图 4-19）

指定下一点或［放弃(U)］：660　　//沿垂直向下极轴方向输入 660 并按 Enter 键

　　　　　　　　　　　　　　　　确定 C 点

指定下一点或［放弃(U)］：720　　//沿水平向右极轴方向输入 720 并按 Enter 键

　　　　　　　　　　　　　　　　确定 D 点

指定下一点或［闭合(C)/放弃(U)］：　//捕捉端点 B

指定下一点或［闭合(C)/放弃(U)］：　//按 Enter 键，结束命令

绘制结果如图 4-20 所示。

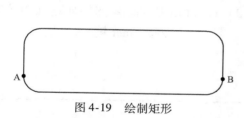

图 4-19　绘制矩形

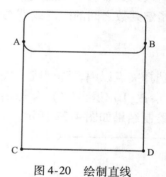

图 4-20　绘制直线

（3）单击【修改】面板中的【圆角】命令按钮 ▱ 圆角，命令行提示如下：

命令：_fillet

当前设置：模式 = 修剪，半径 = 0.0000

选择第一个对象或［放弃(U)/多段线(P)/半径(R)/修剪(T)/多个(M)］：R

　　　　　　　　　　　//输入 R 并按 Enter 键，选择"圆角"选项

指定圆角半径 <0.0000>：60　　　//输入 60 并按 Enter 键，设置圆角半径为 60

选择第一个对象或［放弃(U)/多段线(P)/半径(R)/修剪(T)/多个(M)］：M

　　　　　　　　　　　//输入 M 并按 Enter 键，选择"多个"选项

选择第一个对象或［放弃(U)/多段线(P)/半径(R)/修剪(T)/多个(M)］：　//选择线段 AC

选择第二个对象，或按住 Shift 键选择对象以应用角点或［半径(R)］：　//选择线段 CD

选择第一个对象或［放弃(U)/多段线(P)/半径(R)/修剪(T)/多个(M)］：　//选择线段 CD

选择第二个对象，或按住 Shift 键选择对象以应用角点或［半径(R)］：　//选择线段 DB

86

选择第一个对象或［放弃(U)/多段线(P)/半径(R)/修剪(T)/多个(M)］:　//按 Enter 键

绘制结果如图 4-21 所示。

(4) 单击【修改】面板中的【复制】命令按钮 复制，命令行提示如下:

命令: _arrayrect

选择对象: 指定对角点: 找到 6 个　　　　　　　//选择图 4-21 中的坐垫

选择对象:　　　　　　　　　　　　　//按 Enter 键，结束对象选择状态

类型 = 矩形　关联 = 是

选择夹点以编辑阵列或［关联(AS)/基点(B)/计数(COU)/间距(S)/列数(COL)/行数(R)/层数(L)/退出(X)］<退出>: R　　//输入 R 并按 Enter 键，选择"行数"选项

输入行数数或［表达式(E)］<3>: 1　　//输入 1 并按 Enter 键，设置行数为 1

指定行数之间的距离或［总计(T)/表达式(E)］<1260>:　//按 Enter 键

指定行数之间的标高增量或［表达式(E)］<0>:　//按 Enter 键

选择夹点以编辑阵列或［关联(AS)/基点(B)/计数(COU)/间距(S)/列数(COL)/行数(R)/层数(L)/退出(X)］<退出>: COL　　//输入 COL 并按 Enter 键，选择"列数"选项

输入列数数或［表达式(E)］<4>: 3　　//输入 3 并按 Enter 键，设置 3 列

指定列数之间的距离或［总计(T)/表达式(E)］<1080>: 720　　//输入 720 并按 Enter 键，设置列间距为 720

选择夹点以编辑阵列或［关联(AS)/基点(B)/计数(COU)/间距(S)/列数(COL)/行数(R)/层数(L)/退出(X)］<退出>:　//按 Enter 键

绘制结果如图 4-22 所示。

图 4-21　圆角坐垫　　　　　　　　　图 4-22　阵列坐垫

3. 绘制沙发扶手和靠背

(1) 单击【绘图】面板中的【直线】命令按钮，命令行提示如下:

命令: _line

指定第一个点:　　　　　　　　　//捕捉端点 A（图 4-22）

指定下一点或［放弃(U)］:　　　　　//捕捉端点 E（图 4-22）

指定下一点或［放弃(U)］: 150　　　//沿水平向左方向输入 150 并按 Enter 键

指定下一点或［闭合(C)/放弃(U)］:960　　//沿垂直向上方向输入960并按Enter键
指定下一点或［闭合(C)/放弃(U)］:2460　//沿水平向右方向输入2460并按Enter键
指定下一点或［闭合(C)/放弃(U)］:960　　//沿垂直向下方向输入960并按Enter键
指定下一点或 闭合(C)/放弃(U)］:　　　　//捕捉端点F
指定下一点或 闭合(C)/放弃(U)］:　　　　//捕捉端点G
指定下一点或 闭合(C)/放弃(U)］:　　　　//按Enter键
绘制结果如图4-23所示。

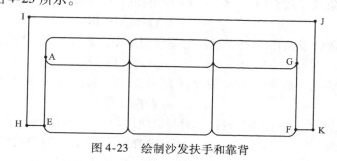

图4-23　绘制沙发扶手和靠背

（2）单击【修改】面板中的【圆角】命令按钮 圆角 ，命令行提示如下：
命令：_fillet
当前设置：模式＝修剪，半径＝60.0000
选择第一个对象或［放弃(U)/多段线(P)/半径(R)/修剪(T)/多个(M)］:r
　　　　　　　　　　　　　//输入R并按Enter键，选择"半径"选项
指定圆角半径＜60.0000＞:120　　//输入120并按Enter键，设置圆角半径为120
选择第一个对象或［放弃(U)/多段线(P)/半径(R)/修剪(T)/多个(M)］:m
　　　　　　　　　　　　　//输入M并按Enter键，选择"多个"选项
选择第一个对象或［放弃(U)/多段线(P)/半径(R)/修剪(T)/多个(M)］:　//选择线段HI
选择第二个对象，或按住Shift键选择对象以应用角点或［半径(R)］:　//选择线段IJ
选择第一个对象或［放弃(U)/多段线(P)/半径(R)/修剪(T)/多个(M)］:　//选择线段IJ
选择第二个对象，或按住Shift键选择对象以应用角点或［半径(R)］:　//选择线段JK
选择第一个对象或［放弃(U)/多段线(P)/半径(R)/修剪(T)/多个(M)］:　//按Enter键
直接按Enter键，输入上一次圆角命令，命令行提示如下：
命令：　FILLET
当前设置：模式＝修剪，半径＝120.0000
选择第一个对象或［放弃(U)/多段线(P)/半径(R)/修剪(T)/多个(M)］:r
　　　　　　　　　　　　　//输入R并按Enter键，选择"半径"选项
指定圆角半径＜120.0000＞:60　　//输入60并按Enter键，设置圆角"半径"为60
选择第一个对象或［放弃(U)/多段线(P)/半径(R)/修剪(T)/多个(M)］:m
　　　　　　　　　　　　　//输入M并按Enter键，选择"多个"选项
选择第一个对象或［放弃(U)/多段线(P)/半径(R)/修剪(T)/多个(M)］:
　　　　　　　　　　　　选择线段HE
选择第二个对象，或按住Shift键选择对象以应用角点或［半径(R)］:

//选择线段 AE，此时弹出图 4-24 所示的选择
集，选择"直线"

选择第一个对象或［放弃（U）/多段线（P）/半径（R）/修剪（T）/多个（M）］：

//选择线段 HE

选择第二个对象，或按住 Shift 键选择对象以应用角点或［半径（R）］：

//选择线段 HI

选择第一个对象或［放弃（U）/多段线（P）/半径（R）/修剪（T）/多个（M）］：

//选择线段 JK

选择第二个对象，或按住 Shift 键选择对象以应用角点或［半径（R）］：

//选择线段 FK

选择第一个对象或［放弃（U）/多段线（P）/半径（R）/修剪（T）/多个（M）］：

//选择线段 FK

选择第二个对象，或按住 Shift 键选择对象以应用角点或 半径（R）］：

//选择线段 GF，此时弹出图 4-24 所示的选择
集，选择"直线"

选择第一个对象或［放弃（U）/多段线（P）/半径（R）/修剪（T）/多个（M）］：

//按 Enter 键

绘制结果如图 4-25 所示。

图 4-24　【选择集】对话框

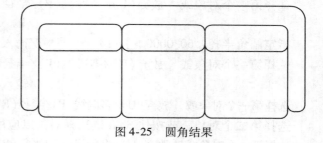

图 4-25　圆角结果

4.3　绘制桌椅平面图

本实例以桌椅平面图为例，讲解圆命令、圆角命令、偏移命令、填充命令、环形阵列命令的使用方法，绘制结果如图 4-26 所示。

1. 绘制餐桌

（1）单击【绘图】面板中【圆】命令按钮下侧的下三角号，选择【圆心、半径】选项，命令行提示如下：

命令：_circle

指定圆的圆心或［三点（3P）/两点（2P）/切点、切点、半径（T）］：

//在绘图区合适位置单击左键

指定圆的半径或［直径（D）］:1000　　//输入 1000 并按 Enter 键，设置圆的半径为 1000

直接按 Enter 键，输入上一次圆命令，命令行提示如下：

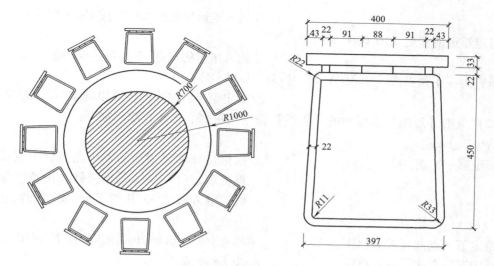

图 4-26　桌椅平面图

命令：　　CIRCLE

指定圆的圆心或［三点(3P)/两点(2P)/切点、切点、半径(T)］：　　　　　　　　//捕捉大圆的圆心为圆心

指定圆的半径或［直径(D)］<1000.0000>：700

　　　　　　　　　//输入 700 并按 Enter 键

绘制结果如图 4-27 所示。

（2）单击【绘图】面板中的【图案填充】命令按钮▨，弹出如图 4-28 所示的【图案填充创建】面板。单击【拾取点】按钮，在小圆的内部任意位置单击左键，作为填充区域；

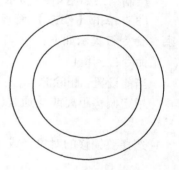

图 4-27　绘制同心圆

填充图案选择【图案填充创建】面板中的 ANSI31 样式；填充图案比例设置为 20，单击【关闭图案填充创建】按钮。填充结果如图 4-29 所示。

图 4-28　【图案填充创建】面板

2. 绘制椅子

（1）单击【绘图】面板中的【矩形】命令按钮▢，命令行提示如下：

命令：_rectang

指定第一个角点或［倒角(C)/标高(E)/圆角(F)/厚度(T)/宽度(W)］：　　//在绘图区之内任意一点单击左键

指定另一个角点或［面积(A)/尺寸(D)/旋转(R)］：D

　　　　　　　//输入 D 并按 Enter 键，选择"尺寸"选项

指定矩形的长度<10.0000>：400

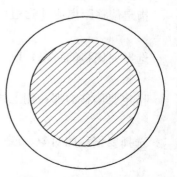

图 4-29　填充小圆

　　　　　　　　　　　　　　　//输入矩形的长度 400 并按 Enter 键

指定矩形的宽度 < 10. 0000 > : 33

　　　　　　　　　　　　　　　//输入矩形的宽度 33 并按 Enter 键

指定另一个角点或 ［面积（A）/尺寸（D）/旋转（R）］:

　　　　　　　　　　　　　　　//指定矩形所在一侧的点以确定矩形的方向

（2）单击【绘图】面板中的【直线】命令按钮 ，命令行提示如下：

命令：_line

指定第一个点：43　　　　　　　//鼠标指针移至矩形的左下角点，出现端点捕
　　　　　　　　　　　　　　　　捉提示，向右移动鼠标指针，出现对象追踪
　　　　　　　　　　　　　　　　线，输入长度 43 并按 Enter 键，确定直线第
　　　　　　　　　　　　　　　　一点

指定下一点或 ［放弃（U）］: 22　　//沿垂直向下极轴方向输入长度 22 并按 Enter 键

指定下一点或 ［放弃（U）］:　　　//按 Enter 键

绘制结果如图 4-30 所示。

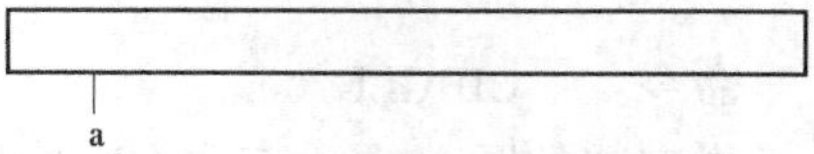

（3）单击【修改】面板中的【偏移】命令按钮

，命令行提示如下：

图 4-30　绘制直线

命令：_offset

当前设置：删除源 = 否　图层 = 源　OFFSETGAPTYPE = 0

指定偏移距离或 ［通过（T）/删除（E）/图层（L）］<< 通过 >> : 22

　　　　　　　　　　　　　　　//输入 22 并按 Enter 键

选择要偏移的对象，或 ［退出（E）/放弃（U）］< 退出 > :

　　　　　　　　　　　　　　　//选择刚刚绘制的直线 a（图 4-31）

指定要偏移的那一侧上的点，或 ［退出（E）/多个（M）/放弃（U）］< 退出 > :

　　　　　　　　　　　　　　　//在直线 a 右侧单击左键，复制出直线 b

选择要偏移的对象，或 ［退出（E）/放弃（U）］< 退出 > :

　　　　　　　　　　　　　　　//按 Enter 键

直接按 Enter 键，输入上一次偏移命令，命令行提示如下：

命令：　OFFSET

当前设置：删除源 = 否　图层 = 源　OFFSETGAPTYPE = 0

指定偏移距离或 ［通过（T）/删除（E）/图层（L）］< 22. 0000 > : 91

　　　　　　　　　　　　　　　//输入 91 并按 Enter 键

选择要偏移的对象，或 ［退出（E）/放弃（U）］< 退出 > :

　　　　　　　　　　　　　　　//选择刚刚绘制的直线 b（图 4-31）

指定要偏移的那一侧上的点，或 ［退出（E）/多个（M）/放弃（U）］< 退出 > :

　　　　　　　　　　　　　　　//在直线 b 右侧单击左键，复制出直线 c

选择要偏移的对象，或 ［退出（E）/放弃（U）］< 退出 > :

　　　　　　　　　　　　　　　//按 Enter 键

直接按 Enter 键，输入上一次偏移命令，命令行提示如下：

命令：　　OFFSET

当前设置：删除源＝否　　图层＝源　　OFFSETGAPTYPE＝0

指定偏移距离或［通过（T）/删除（E）/图层（L）］＜91.0000＞：88

//输入88并按Enter键

选择要偏移的对象，或［退出（E）/放弃（U）］＜退出＞：

//选择刚刚绘制的直线c（图4-31）

指定要偏移的那一侧上的点，或［退出（E）/多个（M）/放弃（U）］＜退出＞：

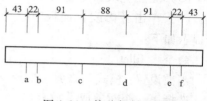

图4-31　偏移复制直线

//在直线c右侧单击左键，复制出直线d

选择要偏移的对象，或［退出（E）/放弃（U）］＜退出＞：　　//按Enter键

用同样方法，运用偏移复制命令复制直线e和f，偏移距离分别为91和22，结果如图4-31所示。

（4）单击【绘图】面板中的【直线】命令按钮 ，命令行提示如下：

命令：_line

指定第一个点：22　　//从直线a的下端点向左追踪，如图4-32所示，输入22并按Enter键

指定下一点或［放弃（U）］：358　　　　//沿水平向右极轴方向输入358并按Enter键

指定下一点或［放弃（U）］：　　　　　//按Enter键，结束命令

绘制结果如图4-33所示。

再一次输入直线命令，命令行提示如下：

命令：_line

指定第一个点：450　　//鼠标指针移至图4-34所示直线中点，向下追踪，输入450并按Enter键确定端点A（图4-35）

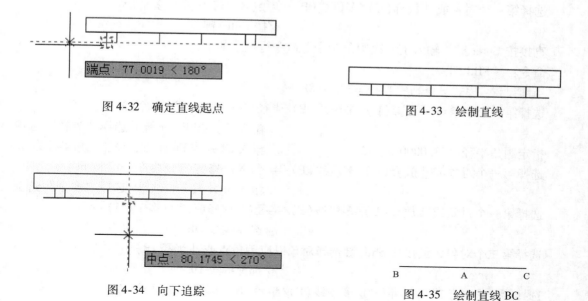

图4-32　确定直线起点

图4-33　绘制直线

图4-34　向下追踪

图4-35　绘制直线BC

指定下一点或 ［放弃(U)］：200　　　//沿水平向左极轴方向输
　　　　　　　　　　　　　　　　　　入 200 并按 Enter 键，
　　　　　　　　　　　　　　　　　　确定端点 B

指定下一点或 ［放弃(U)］：　　　　//按 Enter 键，结束命令

同样，运用直线命令以 A 为起点，向右绘制长度为 200 的水平
直线 AC，如图 4-35 所示。

（5）运用直线命令连接 BD 和 CE，如图 4-36 所示。

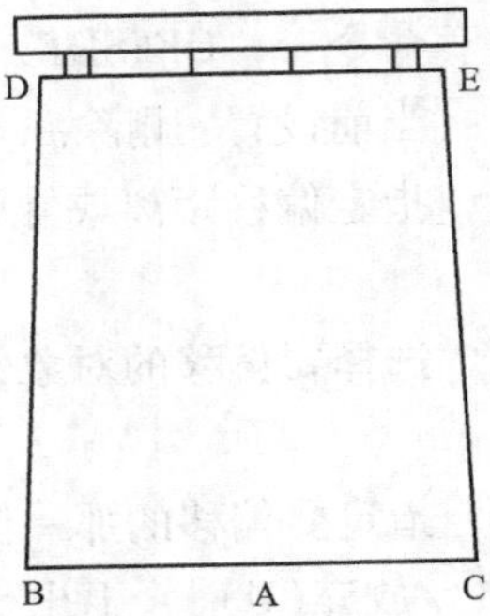

（6）单击【修改】面板中的【圆角】命令按钮 圆角，命令
行提示如下：

图 4-36　绘制直线
BD 和 CE

命令：_fillet

当前设置：模式 = 修剪，半径 = 0.0000

选择第一个对象或 ［放弃(U)/多段线(P)/半径(R)/修剪(T)/多个(M)］：r
　　　　　　　　　　　　　　　　　　//输入 R 并按 Enter 键，选择"半径"选项

指定圆角半径 <0.0000>：33　　　　//输入 33 并按 Enter 键，设置圆角半径为 33

选择第一个对象或 ［放弃(U)/多段线(P)/半径(R)/修剪(T)/多个(M)］：m
　　　　　　　　　　　　　　　　　　//输入 M 并按 Enter 键，选择"多个"选项

选择第一个对象或 ［放弃(U)/多段线(P)/半径(R)/修剪(T)/多个(M)］：
　　　　　　　　　　　　　　　　　　//选择线段 BA

选择第二个对象，或按住 Shift 键选择对象以应用角点或 ［半径(R)］：
　　　　　　　　　　　　　　　　　　//选择线段 BD

选择第一个对象或 ［放弃(U)/多段线(P)/半径(R)/修剪(T)/多个(M)］：
　　　　　　　　　　　　　　　　　　//选择线段 CA

选择第二个对象，或按住 Shift 键选择对象以应用角点或 ［半径(R)］：
　　　　　　　　　　　　　　　　　　//选择线段 CE

选择第一个对象或 ［放弃(U)/多段线(P)/半径(R)/修剪(T)/多个(M)］：
　　　　　　　　　　　　　　　　　　//按 Enter 键

直接按 Enter 键，输入上一次圆角命令，命令行提示如下：

命令：　　FILLET

当前设置：模式 = 修剪，半径 = 33.0000

选择第一个对象或 ［放弃(U)/多段线(P)/半径(R)/修剪(T)/多个(M)］：r
　　　　　　　　　　　　　　　　　　//输入 R 并按 Enter 键，选择"半径"选项

指定圆角半径 <33.0000>：22　　　　//输入 22 并按 Enter 键，设置圆角半径为 22

选择第一个对象或 ［放弃(U)/多段线(P)/半径(R)/修剪(T)/多个(M)］：m
　　　　　　　　　　　　　　　　　　//输入 M 并按 Enter 键，选择"多个"选项

选择第一个对象或 ［放弃(U)/多段线(P)/半径(R)/修剪(T)/多个(M)］：
　　　　　　　　　　　　　　　　　　//选择线段 DB

选择第二个对象，或按住 Shift 键选择对象以应用角点或 ［半径(R)］：
　　　　　　　　　　　　　　　　　　//选择线段 DE

选择第一个对象或 ［放弃(U)/多段线(P)/半径(R)/修剪(T)/多个(M)］：

//选择线段 DE

选择第二个对象，或按住 Shift 键选择对象以应用角点或 ［半径（R）］：

//选择线段 CE

选择第一个对象或 ［放弃（U）/多段线（P）/半径（R）/修剪（T）/多个（M）］：

//按 Enter 键

绘制结果如图 4-37 所示。

（7）单击【修改】面板中的【合并】命令按钮 <del></del>，命令行提示如下：

命令：_join

选择源对象或要一次合并的多个对象：找到 1 个　　　　　　//选择线段 AB

选择要合并的对象：找到 1 个，总计 2 个　　　　　　//选择线段 AB 和 BD 之间的圆角

选择要合并的对象：找到 1 个，总计 3 个　　　　　　//选择线段 BD

选择要合并的对象：找到 1 个，总计 4 个　　　　　　//选择线段 BD 和 DE 之间的圆角

选择要合并的对象：找到 1 个，总计 5 个　　　　　　//选择线段 DE

选择要合并的对象：找到 1 个，总计 6 个　　　　　　//选择线段 DE 和 EC 之间的圆角

选择要合并的对象：找到 1 个，总计 7 个　　　　　　//选择线段 EC

选择要合并的对象：找到 1 个，总计 8 个　　　　　　//选择线段 EC 和 CA 之间的圆角

选择要合并的对象：找到 1 个，总计 9 个　　　　　　//选择线段 CA

选择要合并的对象：　　　　　　//按 Enter 键

9 个对象已转换为 1 条多段线　　　　　　//提示合并成功

（8）单击【修改】面板中的【偏移】命令按钮 ，命令行提示如下：

命令：_offset

当前设置：删除源 = 否　　图层 = 源　　OFFSETGAPTYPE = 0

指定偏移距离或 ［通过（T）/删除（E）/图层（L）］＜通过＞：22　　//输入 22 并按 Enter 键

选择要偏移的对象，或 ［退出（E）/放弃（U）］＜退出＞：　　　　　//选择刚刚合并的多段线

指定要偏移的那一侧上的点，或 ［退出（E）/多个（M）/放弃（U）］＜退出＞：

//在多段线内部单击左键

选择要偏移的对象，或 ［退出（E）/放弃（U）］＜退出＞：//按 Enter 键

偏移结果如图 4-38 所示。

图 4-37　圆角结果

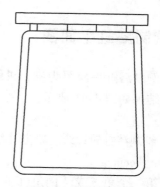

图 4-38　偏移结果

3. 移动和复制椅子

（1）运用移动命令将椅子移动到桌子的正上方，如图 4-39 所示。

（2）单击【修改】面板中的【矩形阵列】命令按钮 阵列 ▾右侧的下三角号，选择【环形阵列】命令按钮 ⬚环形阵列，命令行提示如下：

```
命令：_arraypolar
选择对象：指定对角点：找到 9 个                    //选择图 4-39 中的椅子
选择对象：                                       //按 Enter 键
类型 = 极轴   关联 = 是
指定阵列的中心点或 ［基点（B）/旋转轴（A）］：      //捕捉图 4-39 中圆的圆心
选择夹点以编辑阵列或 ［关联（AS）/基点（B）/项目（I）/项目间角度（A）/填充角度（F）/行
（ROW）/层（L）/旋转项目（ROT）/退出（X）］<退出 >：I   //输入 I 并按 Enter 键，选择"项
                                                     目"选项
输入阵列中的项目数或 ［表达式（E）］<6 >：12         //输入 12 并按 Enter 键，设置项目
                                                     数为 12
选择夹点以编辑阵列或 ［关联（AS）/基点（B）/项目（I）/项目间角度（A）/填充角度（F）/行
（ROW）/层（L）/旋转项目（ROT）/退出（X）］<退出 >：  //按 Enter 键
```

绘制结果如图 4-40 所示。

图 4-39　移动椅子

图 4-40　阵列椅子

4.4　绘制浴缸平面图

本实例以浴缸平面图为例，讲解直线命令、圆命令、圆弧命令、偏移命令等的使用方法，绘制结果如图 4-41 所示。

步骤：

（1）绘制浴缸轮廓线。单击【绘图】面板中的【矩形】命令按钮 ⬜，命令行提示如下：

```
命令：_rectang
指定第一个角点或 ［倒角（C）/标高（E）/圆角（F）/厚度（T）/宽度（W）］：
                        //在绘图区合适位置单击左键
```

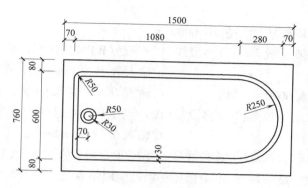

图 4-41　浴缸平面图

指定另一个角点或［面积（A）/尺寸（D）/旋转（R）］: d

　　　　　　　　　　　　　　//输入 D 并按 Enter 键, 选择"尺寸"选项

指定矩形的长度<10.0000>: 1500　　//输入矩形的长度 1500 并按 Enter 键

指定矩形的宽度<10.0000>: 760　　//输入矩形的宽度 760 并按 Enter 键

指定另一个角点或［面积（A）/尺寸（D）/旋转（R）］:

　　　　　　　　　　　　　　//在合适的位置单击左键确定矩形的方向

绘制结果如图 4-42 所示。

（2）绘制内部矩形 BCDE。单击【绘图】面板中的【矩形】命令按钮 ▭, 命令行提示如下:

命令: _rectang

指定第一个角点或［倒角（C）/标高（E）/圆角（F）/厚度（T）/宽度（W）］: _from 基点: <偏移>: @70, −80　　//按住 Shift 键并单击右键, 弹出对象捕捉快捷菜单, 选择"自"选项, 如图 4-6 所示, 捕捉 A 点作为基点, 输入相对坐标@70, −80 并按 Enter 键, 确定 B 点

指定另一个角点或［面积（A）/尺寸（D）/旋转（R）］: d

　　　　　　　　　　　　　　//输入 D 并按 Enter 键, 选择"尺寸"选项

指定矩形的长度<1500.0000>: 1360　　//输入矩形的长度 1360 并按 Enter 键

指定矩形的宽度<760.0000>: 600　　//输入矩形的宽度 600 并按 Enter 键

指定另一个角点或［面积（A）/尺寸（D）/旋转（R）］:

　　　　　　　　　　　　　　//在合适的位置单击左键确定矩形的方向

绘制结果如图 4-43 所示。

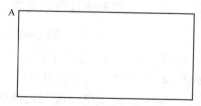

图 4-42　绘制浴缸轮廓线

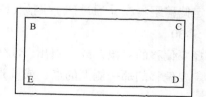

图 4-43　绘制小矩形

（3）单击【修改】面板中的【圆角】命令按钮 ◠ 圆角, 命令行提示如下:

命令：_fillet

当前设置：模式 = 修剪，半径 = 0.0000

选择第一个对象或［放弃(U)/多段线(P)/半径(R)/修剪(T)/多个(M)］：r

　　　　　　　　　　　　　　　　//输入 R 并按 Enter 键，选择"半径"选项

指定圆角半径 < 0.0000 >：280　　　//输入 280 并按 Enter 键，设置圆角半径为 280

选择第一个对象或［放弃(U)/多段线(P)/半径(R)/修剪(T)/多个(M)］：m

　　　　　　　　　　　　　　　　//输入 M 并按 Enter 键，选择"多个"选项

选择第一个对象或［放弃(U)/多段线(P)/半径(R)/修剪(T)/多个(M)］：　//选择线段 BC

选择第二个对象，或按住 Shift 键选择对象以应用角点或［半径(R)］：　//选择线段 CD

选择第一个对象或［放弃(U)/多段线(P)/半径(R)/修剪(T)/多个(M)］：　//选择线段 CD

选择第二个对象，或按住 Shift 键选择对象以应用角点或［半径(R)］：　//选择线段 DE

选择第一个对象或［放弃(U)/多段线(P)/半径(R)/修剪(T)/多个(M)］：　//按 Enter 键

直接按 Enter 键，输入上一次圆角命令，命令行提示如下：

命令：_fillet

当前设置：模式 = 修剪，半径 = 280.0000

选择第一个对象或［放弃(U)/多段线(P)/半径(R)/修剪(T)/多个(M)］：r

　　　　　　　　　　　　　　　　//输入 R 并按 Enter 键，选择"半径"选项

指定圆角半径 < 280.0000 >：50　　//输入 50 并按 Enter 键，设置圆角半径为 50

选择第一个对象或［放弃(U)/多段线(P)/半径(R)/修剪(T)/多个(M)］：m

　　　　　　　　　　　　　　　　//输入 M 并按 Enter 键，选择"多个"选项

选择第一个对象或［放弃(U)/多段线(P)/半径(R)/修剪(T)/多个(M)］：　//选择线段 BC

选择第二个对象，或按住 Shift 键选择对象以应用角点或［半径(R)］：　//选择线段 BE

选择第一个对象或［放弃(U)/多段线(P)/半径(R)/修剪(T)/多个(M)］：　//选择线段 BE

选择第二个对象，或按住 Shift 键选择对象以应用角点或［半径(R)］：　//选择线段 ED

选择第一个对象或［放弃(U)/多段线(P)/半径(R)/修剪(T)/多个(M)］：　//按 Enter 键

绘制结果如图 4-44 所示。

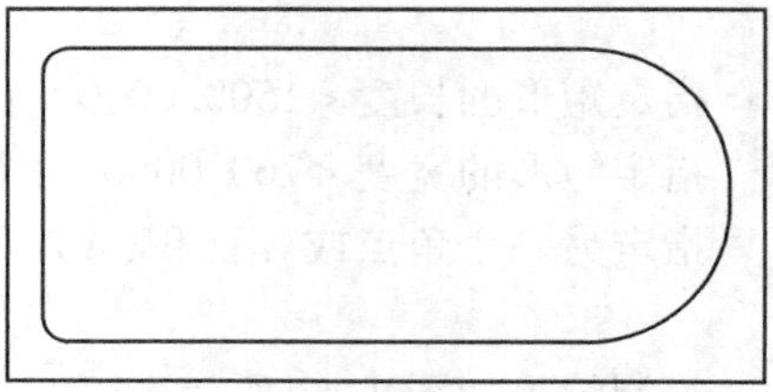

（4）单击【修改】面板中的【偏移】命令按钮

叠，命令行提示如下：

命令：_offset

当前设置：删除源 = 否　　图层 = 源　　OFFSETGA-
PTYPE = 0

指定偏移距离或［通过(T)/删除(E)/图层(L)］

< 通过 >：30

图 4-44　圆角小矩形

　　　　　　　　　　　　　　　　　　　　　　　　//输入 30 并按 Enter 键

选择要偏移的对象，或［退出(E)/放弃(U)］< 退出 >：　　//选择小矩形

指定要偏移的那一侧上的点，或［退出(E)/多个(M)/放弃(U)］< 退出 >：

　　　　　　　　　　　　　　　　//在小矩形内部单击左键

选择要偏移的对象，或［退出(E)/放弃(U)］< 退出 >：　　//按 Enter 键

绘制结果如图 4-45 所示。

（5）绘制排水孔。单击【绘图】面板中【圆】命令按钮下侧的下三角号，选择【圆心、半径】选项，命令行提示如下：

命令：_circle

指定圆的圆心或［三点(3P)/两点(2P)/切点、切点、半径(T)］：70

//捕捉图4-46所示中点，向右移动鼠标指针，沿水平向右追踪方向输入70并按Enter键

指定圆的半径或［直径(D)］：50

//输入50并按Enter键

命令：_circle

//按Enter键，输入上一次圆命令

指定圆的圆心或［三点(3P)/两点(2P)/切点、切点、半径(T)］：

//捕捉圆的圆心

指定圆的半径或［直径(D)］：30

//输入30并按Enter键

绘制结果如图4-47所示。

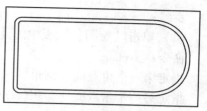

图4-45　偏移小矩形

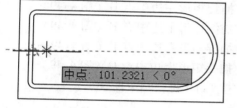

图4-46　确定圆心

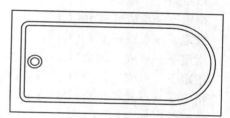

图4-47　偏移圆

4.5　绘制地板拼花图案

本实例以地板拼花图案为例，讲解填充命令、极轴、对象捕捉和对象捕捉追踪的使用方法，绘制结果如图4-48所示。

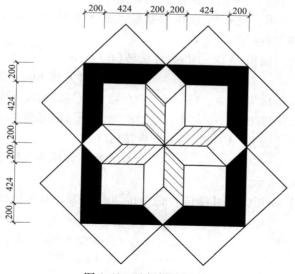

图4-48　地板拼花图案

步骤：

（1）单击【绘图】面板中的【矩形】命令按钮□，命令行提示如下：

命令：_rectang

指定第一个角点或［倒角（C）/标高（E）/圆角（F）/厚度（T）/宽度（W）］：

指定另一个角点或［面积（A）/尺寸（D）/旋转（R）］：d

　　　　　　　　　　　　　　//输入 D 并按 Enter 键，选择"尺寸"选项

指定矩形的长度 <10.0000>：1648　　　//输入矩形的长度 1648 并按 Enter 键

指定矩形的宽度 <10.0000>：1648　　　//输入矩形的宽度 1648 并按 Enter 键

指定另一个角点或［面积（A）/尺寸（D）/旋转（R）］：

　　　　　　　　　　　　　　//在合适的位置单击左键确定矩形的方向

（2）单击【绘图】面板中的【直线】命令按钮╱，命令行提示如下：

命令：_line

指定第一个点：　　　　　　　　　　//捕捉矩形上边中点 C（图 4-49）

指定下一点或［放弃（U）］：　　　　//捕捉矩形左边中点 D（图 4-49）

指定下一点或［放弃（U）］：　　　　//捕捉矩形下边中点 E（图 4-49）

指定下一点或［闭合（C）/放弃（U）］：//捕捉矩形右边中点 F（图 4-49）

指定下一点或［闭合（C）/放弃（U）］：//捕捉矩形上边中点 C（图 4-49）

指定下一点或［闭合（C）/放弃（U）］：//按 Enter 键，结束命令

绘制结果如图 4-49 所示。

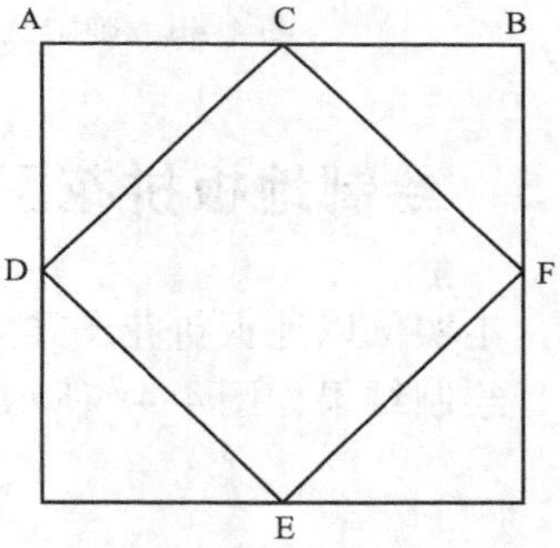

（3）单击【绘图】面板中的【矩形】命令按钮□，命令行提示如下：

命令：_rectang

指定第一个角点或［倒角（C）/标高（E）/圆角（F）/厚度（T）/宽度（W）］：_from 基点：<偏移>：@200，-200

//按住 Shift 键并单击右键，弹出对象捕捉快捷菜单，选择"自"选项，如图 4-6 所示，捕捉 A 点作为基点，输入相对坐标@220，-200 并按 Enter 键

指定另一个角点或［面积（A）/尺寸（D）/旋转（R）］：d

//输入 D 并按 Enter 键，选择"尺寸"选项

指定矩形的长度 <1648.0000>：424　　//输入矩形的长度 424 并按 Enter 键

指定矩形的宽度 <1648.0000>：424　　//输入矩形的宽度 424 并按 Enter 键

指定另一个角点或［面积（A）/尺寸（D）/旋转（R）］：

//在右下方单击左键确定矩形的方向

图 4-49　矩形和直线绘制结果

绘制结果如图 4-50 所示。

（4）单击【修改】面板中的【镜像】命令按钮▲ 镜像，命令行提示如下：

命令：_mirror

选择对象：找到 1 个　　　　　　　//选择图 4-50 中的小矩形

选择对象：　　　　　　　　　　　//按 Enter 键

指定镜像线的第一个点：　　　　　//捕捉 C 点

指定镜像线的第二点： //捕捉 E 点

要删除源对象吗？〔是(Y)/否(N)〕＜N＞： //按 Enter 键，不删除源对象

命令：MIRROR //直接按 Enter 键，输入上一次镜像命令

选择对象：指定对角点：找到 2 个 //选择内部两个小矩形

选择对象： //按 Enter 键

指定镜像线的第一点： //捕捉 D 点

指定镜像线的第二点： //捕捉 F 点

要删除源对象吗？〔是(Y)/否(N)〕＜N＞： //按 Enter 键，不删除源对象

绘制结果如图 4-51 所示。

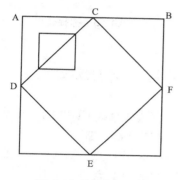

图 4-50　绘制小矩形

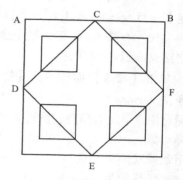

图 4-51　镜像小矩形

（5）极轴追踪设置。右键单击状态栏中的极轴追踪按钮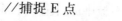，选择【设置】命令，弹出【草图设置】对话框，如图 4-52 所示。单击【极轴角设置】中的【增量角】下拉列表框，将增量角设置为 45°；选择【对象捕捉追踪设置】选项区域的【用所有极轴角设置追踪】单选按钮；选中【启用极轴追踪】复选框。

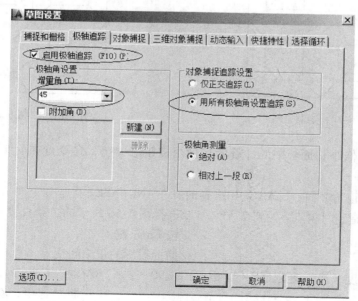

图 4-52　【草图设置】对话框

（6）单击【绘图】面板中的【直线】命令按
钮 ✐ ，命令行提示如下：

命令：_line

指定第一个点： //捕捉 G 点（图 4-53）

指定下一点或［放弃（U）］：
//捕捉 45°极轴和对象捕捉追踪的
交点 I（图 4-53）

指定下一点或［放弃（U）］：
//捕捉 H 点（图 4-53）

指定下一点或［闭合（C）/放弃（U）］：
//按 Enter 键，结束命令

绘制结果如图 4-54 所示。

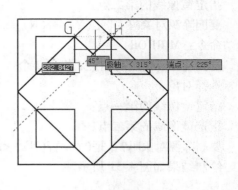

图 4-53　捕捉交点

（7）单击【修改】面板中的【镜像】命令按钮 ⊿ 镜像，命令行提示如下：

命令：_mirror

选择对象：指定对角点：找到 2 个　　　　　　　　//选择直线 GI 和 HI

选择对象：　　　　　　　　　　　　　　　　　//按 Enter 键

指定镜像线的第一点：　　　　　　　　　　　　//捕捉 D 点

指定镜像线的第二点：　　　　　　　　　　　　//捕捉 F 点

要删除源对象吗？［是（Y）/否（N）］＜N＞：　　//按 Enter 键，不删除源对象

（8）运用直线命令连接小矩形各个顶点，绘制结果如图 4-55 所示。

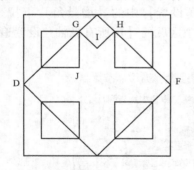

图 4-54　绘制直线

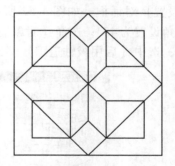

图 4-55　绘制内部直线

（9）单击【修改】面板中的【旋转】命令按钮 ⟳ 旋转，命令行提示如下：

命令：_rotate

UCS 当前的正角方向：　　　ANGDIR＝逆时针　　ANGBASE＝0

选择对象：指定对角点：找到 7 个　　//选择图 4-56 所示的 7 条直线

选择对象：　　　　　　　　　　　//按 Enter 键

指定基点：　　　　　　　　　　　//捕捉图形的正中间交点

指定旋转角度，或［复制（C）/参照（R）］＜90＞：c　　//输入 C 并按 Enter 键，选择"复
制"选项，旋转一组选定对象

指定旋转角度，或［复制（C）/参照（R）］＜90＞：90　　//输入 90 并按 Enter 键

绘制结果如图 4-57 所示。

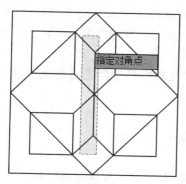

图 4-56　选择要旋转复制的对象

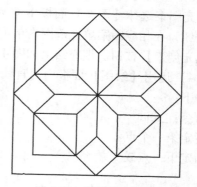

图 4-57　旋转复制结果

（10）运用【修改】面板中的修剪命令修剪小矩形内部多余的线段，修剪结果如图 4-58 所示。

（11）图案填充。单击【绘图】面板中的【图案填充】命令按钮，弹出如图 4-59 所示的【图案填充创建】面板。填充图案选择【图案】面板中的 SOLID 样式；单击【拾取点】按钮，在相应图案填充范围内单击左键，作为填充区域；单击【关闭图案填充创建】按钮。填充结果如图 4-60 所示。

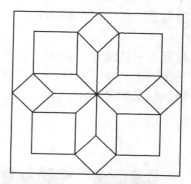

图 4-58　修剪多余线段

图 4-59　【图案填充创建】面板

（12）单击【绘图】面板中的【图案填充】命令按钮，弹出【图案填充创建】面板。填充图案选择【图案】面板中的 ANSI31 样式；填充图案比例设置为 20；单击【拾取点】按钮，在相应图案填充范围内单击左键，作为填充区域；单击【关闭图案填充创建】按钮。填充结果如图 4-61 所示。

图 4-60　填充"SOLID"图案

图 4-61　填充"ANSI31"图案

（13）单击【绘图】面板中的【图案填充】命令按钮 ，弹出【图案填充创建】面板。填充图案选择【图案】面板中的 ANSI31 样式；填充图案比例设置为20；单击【拾取点】按钮，在相应图案填充范围内单击左键，作为填充区域；角度设置为90°，单击【关闭图案填充创建】按钮。填充结果如图 4-62 所示。

（14）运用【绘图】面板中的直线命令，结合45°极轴和极轴角追踪绘制直线，命令行提示如下：

命令：_line

指定第一个点：   //捕捉 C 点（图 4-63）

指定下一点或［放弃(U)］：   //捕捉 A 点右上方极轴追踪和 C 点左上方
　　　　　　　　　　　　　　　　　　　极轴追踪的交点 K

指定下一点或［放弃(U)］：   //捕捉 A 点左下方极轴和 D 点左上方极轴
　　　　　　　　　　　　　　　　　　　追踪的交点 L

指定下一点或［闭合(C)/放弃(U)］：   //捕捉 D 点

指定下一点或［闭合(C)/放弃(U)］：   //按 Enter 键

绘制结果如图 4-63 所示。

图 4-62　填充旋转90°"ANSI31"图案

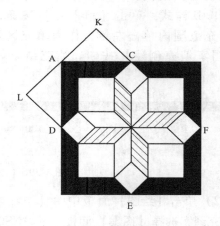

图 4-63　绘制直线

（15）单击【修改】面板中的【镜像】命令按钮 镜像，命令行提示如下：

命令：_mirror

选择对象：找到1个   //选择直线 CK

选择对象：找到1个，总计2个   //选择直线 KL

选择对象：找到1个，总计3个   //选择直线 LD

选择对象：   //按 Enter 键

指定镜像线的第一点：   //捕捉 C 点

指定镜像线的第二点：   //捕捉 E 点

要删除源对象吗？［是(Y)/否(N)］<N>： //按 Enter 键，不删除源对象

镜像结果如图 4-64 所示。

（16）同样，运用镜像命令以直线 DF 为镜像轴，复制矩形外的直线，镜像结果如图 4-65 所示。

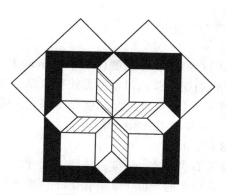

图 4-64　左右镜像

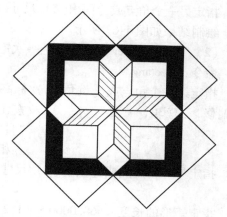

图 4-65　最终结果

4.6　绘制洗手盆平面图

本实例以洗手盆平面图为例，讲解矩形、圆、圆角、旋转等命令的使用方法，绘制结果如图 4-66 所示。

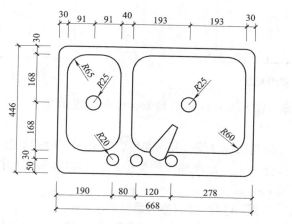

图 4-66　洗手盆平面图

步骤：

1. 绘制洗手盆轮廓线

（1）单击【绘图】面板中的【矩形】命令按钮，命令行提示如下：

命令：_rectang

指定第一个角点或［倒角（C）/标高（E）/圆角（F）/厚度（T）/宽度（W）］：

　　　　　　　　　　　　　//在绘图区之内任意指定一点

指定另一个角点或［面积（A）/尺寸（D）/旋转（R）］：d

　　　　　　　　//输入 D 并按 Enter 键，选择"尺寸"选项

指定矩形的长度 <10.0000>：668　　　　　　//输入矩形的长度 668 并按 Enter 键

指定矩形的宽度 <10.0000>：446　　　　　　//输入矩形的宽度 446 并按 Enter 键

指定另一个角点或［面积(A)/尺寸(D)/旋转(R)］://在右下方单击左键

绘制结果如图 4-67 所示。

（2）直接按 Enter 键，输入上一次矩形命令，命令行提示如下：

命令：_rectang

指定第一个角点或［倒角(C)/标高(E)/圆角(F)/厚度(T)/宽度(W)］：_from 基点：

<偏移>：@30，-30　　　　　　//按住 Shift 键并单击右键，弹出对象捕捉快捷菜单，选择
　　　　　　　　　　　　　　　　　　"自"选项，如图 4-6 所示，捕捉 A 点作为基点，输
　　　　　　　　　　　　　　　　　　入相对坐标@30，-30 并按 Enter 键

指定另一个角点或［面积(A)/尺寸(D)/旋转(R)］：d

　　　　　　　　　　　　　　　　　　//输入 D 并按 Enter 键，选择"尺寸"选项

指定矩形的长度 <668.0000>：182　　　　//输入矩形的长度 182 并按 Enter 键

指定矩形的宽度 <446.0000>：336　　　　//输入矩形的宽度 336 并按 Enter 键

指定另一个角点或［面积(A)/尺寸(D)/旋转(R)］：　　　　//在右下角单击左键

绘制结果如图 4-68 所示。

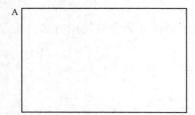

图 4-67　洗手盆外轮廓

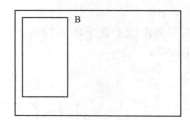

图 4-68　洗手盆左侧小矩形

（3）直接按 Enter 键，输入上一次矩形命令，命令行提示如下：

命令：_rectang

指定第一个角点或［倒角(C)/标高(E)/圆角(F)/厚度(T)/宽度(W)］：40

　　　//将鼠标指针移至 B 点，出现端点捕捉提示，向右移动鼠标指针出现对象追踪线，
　　　　输入 40 并按 Enter 键

指定另一个角点或［面积(A)/尺寸(D)/旋转(R)］：d

　　　　　　　　　　　　　　　　　　//输入 D 并按 Enter 键，选择"尺寸"选项

指定矩形的长度 <182.0000>：386　　　　//输入矩形的长度 386 并按 Enter 键

指定矩形的宽度 <336.0000>：336　　　　//输入矩形的宽度 336 并按 Enter 键

指定另一个角点或［面积(A)/尺寸(D)/旋转(R)］：

　　　　　　　　　　　//在右下角单击左键

绘制结果如图 4-69 所示。

2. 绘制下水孔

（1）单击【绘图】面板中【圆】命令按钮下侧的下三
角号，选择【圆心、半径】选项，命令行提示如下：

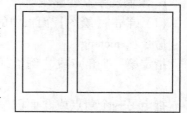

图 4-69　绘制右侧小矩形

命令：_circle

指定圆的圆心或［三点(3P)/两点(2P)/切点、切点、半径(T)］：

//捕捉内部左侧小矩形的中心点，如图 4-70 所示

指定圆的半径或［直径（D)］：25

//输入 25 并按 Enter 键

（2）命令：　CIRCLE

//直接按 Enter 键，输入上一次圆命令

指定圆的圆心或［三点(3P)/两点(2P)/切点、切点、半径(T)］：

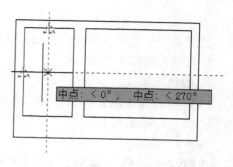

图 4-70　捕捉左侧小矩形中心点

//捕捉内部右侧小矩形的中心点，如图 4-71 所示

//输入 25 并按 Enter 键

指定圆的半径或［直径(D)］<25.0000 >：25

绘制结果如图 4-72 所示。

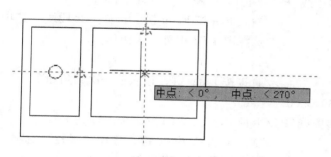

图 4-71　捕捉右侧小矩形中心点

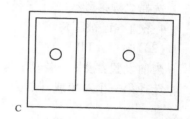

图 4-72　绘制下水孔

（3）单击【绘图】面板中【圆】命令按钮下侧的下三角号，选择【圆心、半径】选项，命令行提示如下：

命令：_circle

指定圆的圆心或［三点(3P)/两点(2P)/切点、切点、半径(T)］：_from 基点：< 偏移 >：@190，50

//按住 Shift 键并单击右键，弹出对象捕捉快捷菜单，选择"自"选项，如图 4-6 所示，捕捉 C 点作为基点，输入相对坐标@190，50 并按 Enter 键

指定圆的半径或［直径(D)］< 25.0000 >：20

//输入 20 并按 Enter 键

（4）单击【修改】面板中的【复制】命令按钮复制，命令行提示如下：

命令：_copy

选择对象：找到 1 个

//选择刚刚绘制的小圆

选择对象：

//按 Enter 键

当前设置：　复制模式 = 多个

指定基点或［位移(D)/模式(O)］< 位移 >：

//捕捉 C 点

指定第二个点或［阵列(A)］< 使用第一个点作为位移 >：80

//沿水平向右极轴方向输入 80 并按 Enter 键

指定第二个点或［阵列(A)/退出(E)/放弃(U)］< 退出 >：200

//沿水平向右极轴方向输入 200 并按 Enter 键

指定第二个点或［阵列（A）/退出（E）/放弃（U）］＜退出＞：　　　　　　//按 Enter 键

绘制结果如图 4-73 所示。

3. 圆角矩形

（1）单击【修改】面板中的【圆角】命令按钮，命令行提示如下：

命令：_fillet

当前设置：模式＝修剪，半径＝0.0000

选择第一个对象或［放弃（U）/多段线（P）/半径（R）/修剪（T）/多个（M）］：r

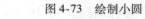

图 4-73　绘制小圆

　　//输入 R 并按 Enter 键，选择"半径"选项

指定圆角半径＜0.0000＞：30　　　　//输入圆角半径 30 并按 Enter 键

选择第一个对象或［放弃（U）/多段线（P）/半径（R）/修剪（T）/多个（M）］：p

　　　　　　　　　　　　　　　//输入 P 并按 Enter 键，选择"多段线"选项

选择二维多段线或［半径（R）］：　　//选择图 4-73 中外部大矩形

4 条直线已被圆角

（2）命令：FILLET　　　　　　　　//直接按 Enter 键，输入上一次圆角命令

当前设置：模式＝修剪，半径＝30.0000

选择第一个对象或［放弃（U）/多段线（P）/半径（R）/修剪（T）/多个（M）］：r

　　　　　　　　　　　　　　　//输入 R 并按 Enter 键，选择"半径"选项

指定圆角半径＜30.0000＞：65　　　//输入圆角半径 65 并按 Enter 键

选择第一个对象或［放弃（U）/多段线（P）/半径（R）/修剪（T）/多个（M）］：p

　　　　　　　　　　　　　　　//输入 P 并按 Enter 键，选择"多段线"选项

选择二维多段线或［半径（R）］：　　//选择图 4-73 中内部左侧小矩形

4 条直线已被圆角

（3）命令：FILLET　　　　　　　　//直接按 Enter 键，输入上一次圆角命令

当前设置：模式＝修剪，半径＝65.0000

选择第一个对象或［放弃（U）/多段线（P）/半径（R）/修剪（T）/多个（M）］：r

　　　　　　　　　　　　　　　//输入 R 并按 Enter 键，选择"半径"选项

指定圆角半径＜65.0000＞：60　　　//输入圆角半径 60 并按 Enter 键

选择第一个对象或［放弃（U）/多段线（P）/半径（R）/修剪（T）/多个（M）］：p

　　//输入 P 并按 Enter 键，选择"多段线"选项

选择二维多段线或［半径（R）］：

　　//选择图 4-73 中内部右侧小矩形

4 条直线已被圆角

绘制结果如图 4-74 所示。

4. 绘制水龙头，如图 4-75 所示

（1）运用直线命令绘制图 4-76 所示图形。命令行提示如下：

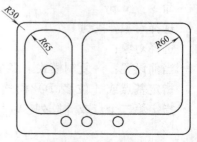

图 4-74　圆角矩形

命令：_line

指定第一个点：   //在绘图区任意位置单击左键确定 D 点（图 4-76）

指定下一点或［放弃(U)］：64   //沿水平向右极轴方向输入 64 并按 Enter 键确定 E 点

指定下一点或［放弃(U)］：   //按 Enter 键，结束命令

命令：_line   //直接按 Enter 键，输入上一次直线命令

指定第一个点：132   //沿图 4-77 所示中点向上追踪，输入 132 并按 Enter
                                    键，确定 F 点

指定下一点或［放弃(U)］：10   //沿水平向左方向输入 10 并按 Enter 键，确定 G 点

指定下一点或［放弃(U)］：   //捕捉 D 点

指定下一点或［闭合(C)/放弃(U)］：//按 Enter 键，结束命令

绘制结果如图 4-76 所示。

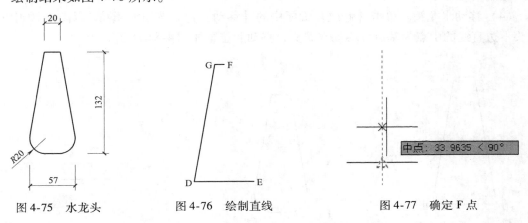

图 4-75　水龙头   图 4-76　绘制直线   图 4-77　确定 F 点

（2）单击【修改】面板中的【镜像】命令按钮 ⚊ 镜像，命令行提示如下：

命令：_mirror

选择对象：找到 1 个   //选择直线 GF

选择对象：找到 1 个，总计 2 个   //选择直线 GD

选择对象：   //按 Enter 键

指定镜像线的第一点：   //捕捉 F 点

指定镜像线的第二点：   //捕捉直线 DE 的中点

要删除源对象吗?［是(Y)/否(N)］<N>： //按 Enter 键，不删除源对象

绘制结果如图 4-78 所示。

（3）单击【修改】面板中的【圆角】命令按钮 ⬠，命令行提示如下：

命令：_fillet

当前设置：模式 = 修剪，半径 = 0.0000

选择第一个对象或［放弃(U)/多段线(P)/半径(R)/修剪(T)/多个(M)］：r
                                    //输入 R 并按 Enter 键，选择"半径"选项

指定圆角半径 <0.0000>：20   //输入 20 并按 Enter 键

选择第一个对象或［放弃(U)/多段线(P)/半径(R)/修剪(T)/多个(M)］：m
                                    //输入 M 并按 Enter 键，选择"多个"选项

选择第一个对象或 ［放弃(U)／多段线(P)／半径(R)／修剪(T)／多个(M)］： //选择直线 GD

选择第二个对象，或按住 Shift 键选择对象以应用角点或 ［半径(R)］： //选择直线 DE

选择第一个对象或 ［放弃(U)／多段线(P)／半径(R)／修剪(T)／多个(M)］： //选择直线 DE

选择第二个对象，或按住 Shift 键选择对象以应用角点或 ［半径(R)］： //选择直线 EH

选择第一个对象或 ［放弃(U)／多段线(P)／半径(R)／修剪(T)／多个(M)］： //按 Enter 键

绘制结果如图 4-79 所示。

（4）移动水龙头。单击【修改】面板中的【移动】命令按钮✥ 移动，以图 4-80 中的水龙头下边直线的中点为基点，移动水龙头，移动后位置如图 4-81 所示。

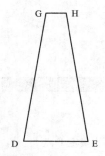

图 4-78　镜像直线

图 4-79　圆角直线

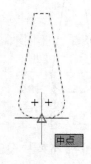

图 4-80　选择基点

（5）单击【修改】面板中的【旋转】命令按钮○ 旋转，命令行提示如下：

命令：_rotate

UCS 当前的正角方向：　　ANGDIR = 逆时针　ANGBASE = 0

选择对象：指定对角点：找到 7 个　　　　　　　//选择图 4-81 中的水龙头

选择对象：　　　　　　　　　　　　　　　//按 Enter 键

指定基点：　　　　　　　　　　　　　　//捕捉水龙头下边直线的中点

指定旋转角度，或 ［复制(C)／参照(R)］＜330＞：-30　//输入 -30 并按 Enter 键

绘制结果如图 4-82 所示。

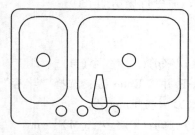

图 4-81　水龙头移动后位置

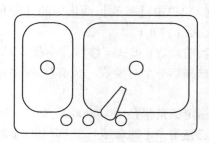

图 4-82　旋转水龙头

4.7 思考题与练习题

1. 思考题

（1）正交命令与极轴命令的区别是什么？

（2）对象追踪命令与对象捕捉命令有什么紧密联系？

（3）对象捕捉模式有多少种？各是什么？

（4）如何设置极轴增量角？

2. 将左侧的功能键与右侧的功能连接起来

F2	对象捕捉开关
F3	正交模式开关
F8	对象捕捉追踪开关
F10	极轴开关
F11	文本窗口开关
ESC	重复上一次命令
ENTER（在"命令:"提示下）	退出命令

3. 选择题

（1）在（   ）情况下，可以直接输入距离值。

    A. 打开对象捕捉

    B. 打开对象追踪

    C. 打开极轴

    D. 以上同时打开

（2）单击 F10 键可以打开或关闭（   ）功能。

    A. 正交   B. 极轴   C. 对象捕捉   D. 对象追踪

（3）正交功能和极轴功能（   ）同时使用。

    A. 可以   B. 不可以

（4）当鼠标指针只能在水平和垂直方向移动时，是在执行（   ）命令。

    A. 正交   B. 极轴   C. 对象捕捉   D. 对象追踪

4. 绘制下列各家具图

（1）茶几平面图，如图 4-83 所示。

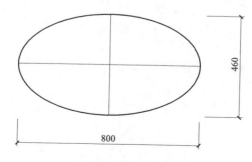

图 4-83　茶几平面图

（2）浴房平面图，如图4-84所示。

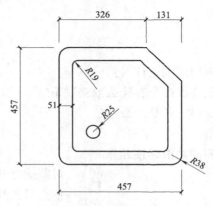

图4-84　浴房平面图

（3）装饰灯平面图，如图4-85所示。

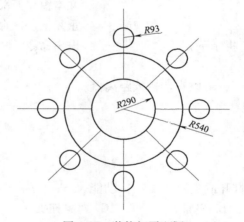

图4-85　装饰灯平面图

第5章 绘制各类电器

家用电器主要指在家庭及类似场所中使用的各种电器和电子器具，又称民用电器、日用电器。家用电器使人们从繁重、琐碎、费时的家务劳动中解放出来，为人类创造了更为舒适优美、更有利于身心健康的生活和工作环境，提供了丰富多彩的文化娱乐条件，已成为现代家庭生活的必需品。本章将讲述各种电器的绘制方法。

5.1 绘制浴霸平面图

本实例以浴霸平面图为例，讲解直线命令、矩形命令和圆命令的使用方法，绘制结果如图 5-1 所示。

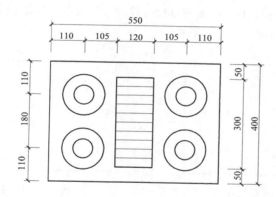

图 5-1　浴霸平面图

步骤：

1. 运用矩形命令绘制浴霸外轮廓

单击【绘图】面板中的【矩形】命令按钮▭，命令行提示如下：

命令：_rectang

指定第一个角点或[倒角(C)/标高(E)/圆角(F)/厚度(T)/宽度(W)]：
　　　　　　　　　　　　　　　//在绘图区之内任意指定一点

指定另一个角点或[面积(A)/尺寸(D)/旋转(R)]：d
　　　　　　　　　　　　　　　//输入 D 并按 Enter 键，选择"尺寸"选项

指定矩形的长度＜10.0000＞：550　　//输入矩形的长度 550 并按 Enter 键
指定矩形的宽度＜10.0000＞：400　　//输入矩形的宽度 400 并按 Enter 键
指定另一个角点或[面积(A)/尺寸(D)/旋转(R)]：
　　　　　　　　　　　　　　　//指定矩形所在一侧的点以确定矩形的方向

绘制结果如图 5-2 所示。

2. 绘制取暖灯

（1）单击【绘图】面板中【圆】命令按钮 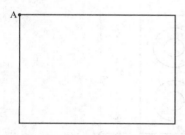 下侧的下三角号，选择 ⊙ 圆心、半径【圆心、半径】选项，命令行提示如下：

命令：_circle

指定圆的圆心或［三点(3P)/两点(2P)/切点、切点、半径(T)］：_from 基点：<偏移>：
@110，-110　　　　　　　　　　　　　　//按住 Shift 键并单击右键，弹出对象捕
　　　　　　　　　　　　　　　　　　　　　捉快捷菜单，选择"自"选项，捕捉 A
　　　　　　　　　　　　　　　　　　　　　点作为基点，输入相对坐标@110，
　　　　　　　　　　　　　　　　　　　　　-110并按 Enter 键

指定圆的半径或［直径(D)］：68　　　　　//输入大圆半径 68 并按 Enter 键

命令：　CIRCLE　　　　　　　　　　　　//直接按 Enter 键，输入上一次圆命令

指定圆的圆心或［三点(3P)/两点(2P)/切点、切点、半径(T)］：
　　　　　　　　　　　　　　　　　　　　　//捕捉刚刚绘制的大圆的圆心作为小圆
　　　　　　　　　　　　　　　　　　　　　的圆心

指定圆的半径或［直径(D)］<68.0000>：32　//输入小圆半径 32 并按 Enter 键

绘制结果如图 5-3 所示。

图 5-2　浴霸轮廓线

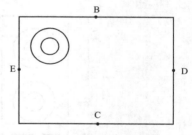

图 5-3　绘制取暖灯

（2）镜像圆。单击【修改】面板中的【镜像】命令铵钮 ⚠，命令行提示如下：

命令：_mirror

选择对象：指定对角点：找到 2 个　　　//选择要镜像复制的两个圆

选择对象：　　　　　　　　　　　　　//按 Enter 键

指定镜像线的第一点：　　　　　　　　//捕捉中点 E

指定镜像线的第二点：　　　　　　　　//捕捉中点 D

要删除源对象吗？［是(Y)/否(N)］<N>：　//按 Enter 键，不删除源对象

命令：　MIRROR　　　　　　　　　　　//直接按 Enter 键，输入上一次镜像命令

选择对象：指定对角点：找到 4 个　　　//选择要镜像复制的四个圆

选择对象：　　　　　　　　　　　　　//按 Enter 键

指定镜像线的第一点：　　　　　　　　//捕捉中点 B

指定镜像线的第二点：　　　　　　　　//捕捉中点 C

要删除源对象吗？［是(Y)/否(N)］<N>：　//按 Enter 键，不删除源对象

绘制结果如图 5-4 所示。

3. 绘制排气扇

（1）单击【绘图】面板中的【矩形】命令按钮▭，命令行提示如下：

命令:_rectang

指定第一个角点或[倒角(C)/标高(E)/圆角(F)/厚度(T)/宽度(W)]:_from 基点:<偏移>: @215，-50

//按住 Shift 键并单击右键，弹出对象捕捉快捷菜单，选择"自"选项，捕捉 A 点作为基点，输入相对坐标@215，-50 并按 Enter 键

指定另一个角点或[面积(A)/尺寸(D)/旋转(R)]:d

//输入 D 并按 Enter 键，选择"尺寸"选项

指定矩形的长度 <550.0000 >:120　　//输入矩形的长度 120 并按 Enter 键

指定矩形的宽度 <400.0000 >:300　　//输入矩形的宽度 300 并按 Enter 键

指定另一个角点或[面积(A)/尺寸(D)/旋转(R)]:

//按 Enter 键

绘制结果如图 5-5 所示。

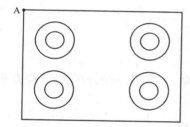

图 5-4　镜像取暖灯

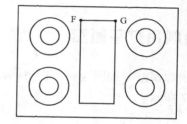

图 5-5　绘制排气扇外轮廓

（2）单击【修改】面板中的【分解】命令按钮，命令行提示如下：

命令:_explode

选择对象:找到 1 个　　　　　　　　//选择刚刚绘制的矩形

选择对象:　　　　　　　　　　　　//按 Enter 键

（3）单击【修改】面板中的【矩形阵列】命令按钮▦ 阵列 ▾，命令行提示如下：

命令:_arrayrect

选择对象:找到 1 个　　　　　　　　//选择图 5-5 中的直线 FG

选择对象:　　　　　　　　　　　　//按 Enter 键，结束对象选择状态

类型 = 矩形　关联 = 是

选择夹点以编辑阵列或[关联(AS)/基点(B)/计数(COU)/间距(S)/列数(COL)/行数(R)/层数(L)/退出(X)] <退出 >:COL　　//输入 COL 并按 Enter 键，选择"列数"选项

输入列数数或[表达式(E)] <4 >:15　　//输入 1 并按 Enter 键，设置 1 列

指定列数之间的距离或[总计(T)/表达式(E)] <750 >:

//按 Enter 键

选择夹点以编辑阵列或[关联(AS)/基点(B)/计数(COU)/间距(S)/列数(COL)/行数(R)/层数(L)/退出(X)] <退出 >:R　　//输入 R 并按 Enter 键，选择"行数"选项

输入行数数或[表达式(E)] <3 >:10　　//输入 10 并按 Enter 键，设置行数为 10

指定行数之间的距离或[总计(T)/表达式(E)] < 450 > : -30

//输入 -30 并按 Enter 键,设置行间距为 -30

指定行数之间的标高增量或[表达式(E)] < 0 > :

//按 Enter 键

选择夹点以编辑阵列或[关联(AS)/基点(B)/计数(COU)/间距(S)/列数(COL)/行数(R)/层数(L)/退出(X)] < 退出 > :   //按 Enter 键

绘制结果如图 5-6 所示。

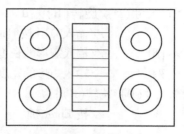

图 5-6　阵列直线

5.2　绘制吊灯平面图

本实例以吊灯平面图为例,讲解圆命令、偏移命令、环形阵列命令的使用方法,绘制结果如图 5-7 所示。

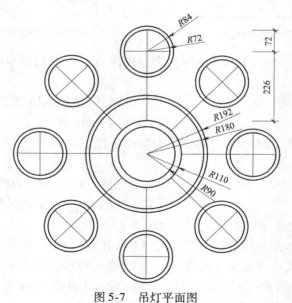

图 5-7　吊灯平面图

步骤:

1. 绘制中间大灯

(1) 单击【绘图】面板中【圆】命令按钮下侧的下三角号,选择 圆心、半径【圆心、半径】选项,命令行提示如下:

命令:_circle

指定圆的圆心或[三点(3P)/两点(2P)/切点、切点、半径(T)]:

//在合适位置单击左键确定圆的圆心

指定圆的半径或[直径(D)]:90　　　　　　　//输入圆的半径 90 并按 Enter 键

(2) 单击【修改】面板中的【偏移】命令按钮🖾,命令行提示如下:

命令:_offset

当前设置:删除源 = 否　图层 = 源　OFFSETGAPTYPE = 0

指定偏移距离或[通过(T)/删除(E)/图层(L)]<110.0000>:20

//输入 20 并按 Enter 键

选择要偏移的对象,或[退出(E)/放弃(U)]<退出>:

//选择刚刚绘制的圆

指定要偏移的那一侧上的点,或[退出(E)/多个(M)/放弃(U)]<退出>:

//在圆的外侧单击左键

选择要偏移的对象,或[退出(E)/放弃(U)]<退出>:

//按 Enter 键

命令:　OFFSET　　　　　　　　　//直接按 Enter 键,输入上一次偏移命令

当前设置:删除源 = 否　图层 = 源　OFFSETGAPTYPE = 0

指定偏移距离或[通过(T)/删除(E)/图层(L)]<20.0000>:70

//输入 70 并按 Enter 键

选择要偏移的对象,或[退出(E)/放弃(U)]<退出>:

//选择半径为 110 的圆

指定要偏移的那一侧上的点,或[退出(E)/多个(M)/放弃(U)]<退出>:

//在圆的外侧单击左键

选择要偏移的对象,或[退出(E)/放弃(U)]<退出>:

//按 Enter 键

命令:　OFFSET　　　　　　　　　//直接按 Enter 键,输入上一次偏移命令

当前设置:删除源 = 否　图层 = 源　OFFSETGAPTYPE = 0

指定偏移距离或[通过(T)/删除(E)/图层(L)]<70.0000>:12

//输入 12 并按 Enter 键

选择要偏移的对象,或[退出(E)/放弃(U)]<退出>:

//选择半径为 180 的圆

指定要偏移的那一侧上的点,或[退出(E)/多个(M)/放弃(U)]<退出>:

//在圆的外侧单击左键

选择要偏移的对象,或[退出(E)/放弃(U)]<退出>:

//按 Enter 键

绘制结果如图 5-8 所示。

2. 绘制小灯

(1) 绘制连接杆。单击【绘图】面板中的【直线】命令按钮／,命令行提示如下:

命令:_line

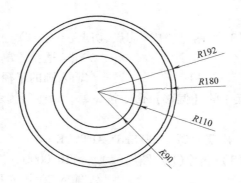

图 5-8　绘制大灯

指定第一个点：　　　　　　　　　　//捕捉图 5-9 中圆的象限点 A 点

指定下一点或［放弃（U）］:226

　　　　　　　　　　　　　　　　//沿垂直向上极轴方向输入长度 226 并按 Enter
　　　　　　　　　　　　　　　　　键确定 B 点（图 5-9）

指定下一点或［放弃（U）］:72

　　　　　　　　　　　　　　　　//沿垂直向上极轴方向输入长度 72 并按 Enter 键
　　　　　　　　　　　　　　　　　确定 C 点（图 5-9）

指定下一点或［闭合（C）/放弃（U）］:　//按 Enter 键

命令：_line　　　　　　　　　　　//直接按 Enter 键，输入上一次直线命令

指定第一个点:72　　　　　　　　　//将鼠标指针移至 B 点（图 5-9），沿水平向左追踪
　　　　　　　　　　　　　　　　　线输入 72 并按 Enter 键确定 D 点（图 5-9）

指定下一点或［放弃（U）］:144　　　//沿水平向右极轴方向输入长度 144 并按 Enter
　　　　　　　　　　　　　　　　　键，确定 E 点（图 5-9）

指定下一点或［放弃（U）］:　　　　　//按 Enter 键

绘制结果如图 5-9 所示。

（2）绘制一个小灯。单击【绘图】面板中【圆】命令按钮⊙下侧的下三角号，选择
⊙圆心、半径【圆心、半径】选项，命令行提示如下：

命令：_circle

指定圆的圆心或［三点（3P）/两点（2P）/切点、切点、半径（T）］:　//捕捉 B 点（图 5-9）

指定圆的半径或［直径（D）］<72.0000>:　　　　　　　　　　//捕捉 D 点（图 5-9）

命令：　CIRCLE　　　　　　　　　　　　　　　　　　　　//直接按 Enter 键，输
　　　　　　　　　　　　　　　　　　　　　　　　　　　　入上一次圆命令

指定圆的圆心或［三点（3P）/两点（2P）/切点、切点、半径（T）］:　//捕捉 B 点（图 5-9）

指定圆的半径或［直径（D）］<72.0000>:84　　　　　　　　　//输入圆的半径 84 并
　　　　　　　　　　　　　　　　　　　　　　　　　　　　按 Enter 键

绘制结果如图 5-10 所示。

（3）阵列小灯。单击【修改】面板中【矩形阵列】命令按钮░░ 阵列 ▾右侧的下三角
号，选择【环形阵列】命令按钮░░░环形阵列，命令行提示如下：

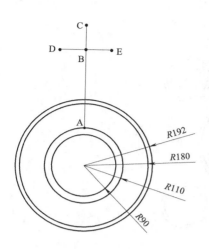

图 5-9　绘制连接杆

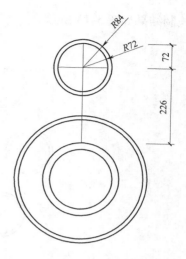

图 5-10　绘制小灯

命令:_arraypolar

选择对象:指定对角点:找到 5 个　　　　　　//运用交叉窗口选择连接杆和小灯(图 5-11)

选择对象:　　　　　　　　　　　　　　　　//按 Enter 键

类型 = 极轴　关联 = 是

指定阵列的中心点或[基点(B)/旋转轴(A)]:

　　　　　　　　　　　　　　　　//指定图 5-12 中的圆心为阵列的中心点

选择夹点以编辑阵列或[关联(AS)/基点(B)/项目(I)/项目间角度(A)/填充角度(F)/
行(ROW)/层(L)/旋转项目(ROT)/退出(X)]<退出>:I

　　　　　　　　　　　　　　　　//输入 I 并按 Enter 键,选择"项目"选项

输入阵列中的项目数或[表达式(E)]<6>:8　　//输入 8 并按 Enter 键

选择夹点以编辑阵列或[关联(AS)/基点(B)/项目(I)/项目间角度(A)/填充角度(F)/
行(ROW)/层(L)/旋转项目(ROT)/退出(X)]<退出>:

　　　　　　　　　　　　　　　　//按 Enter 键

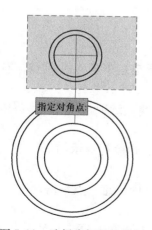

图 5-11　选择小灯及连接杆

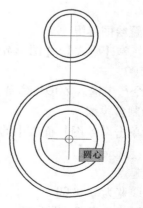

图 5-12　捕捉圆心

绘制结果如图 5-13 所示。

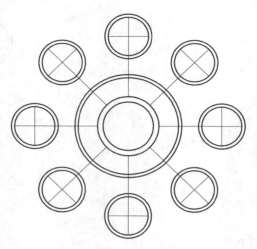

图 5-13　阵列小灯

5.3　绘制音箱立面图

本实例主要应用多段线命令、圆弧命令、偏移命令等，绘制结果如图 5-14 所示。

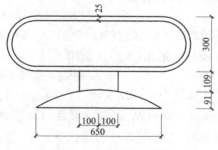

图 5-14　音箱立面图

步骤：

1. 设置绘图界限

选择菜单【格式】|【图形界限】，根据命令行提示指定左下角点为原点，右上角点为"1500，1500"。

在命令行中输入 ZOOM 命令，按 Enter 键后选择"全部"选项，显示图形界限。

2. 绘制多段线

（1）单击【绘图】面板中的【多段线】命令按钮，命令行提示如下：

命令：_pline

指定起点：　　　　　　　　　　　　//在绘图区之内任意一点单击

当前线宽为 0.0000

指定下一个点或［圆弧（A）/半宽（H）/长度（L）/放弃（U）/宽度（W）］:650

　　　　　　　　　　　//沿水平向右方向输入距离 650 并按 Enter 键

指定下一点或[圆弧(A)/闭合(C)/半宽(H)/长度(L)/放弃(U)/宽度(W)]:a

　　　　　　　　　　　　//输入 A 并按 Enter 键,选择"圆弧"选项开始绘
　　　　　　　　　　　　制圆弧

　　指定圆弧的端点或

　　[角度(A)/圆心(CE)/闭合(CL)/方向(D)/半宽(H)/直线(L)/半径(R)/第二个点
(S)/放弃(U)/

　　宽度(W)]:300　　　　　　　　//沿垂直向下方向输入距离 300 并按 Enter 键

　　指定圆弧的端点或

　　[角度(A)/圆心(CE)/闭合(CL)/方向(D)/半宽(H)/直线(L)/半径(R)/第二个点
(S)/放弃(U)/

　　宽度(W)]:l　　　　　　　　//输入 L 并按 Enter 键,选择"直线"选项绘制
　　　　　　　　　　　　直线

　　指定下一点或[圆弧(A)/闭合(C)/半宽(H)/长度(L)/放弃(U)/宽度(W)]:650

　　　　　　　　　　　　//沿水平向左方向输入距离 650 并按 Enter 键

　　指定下一点或[圆弧(A)/闭合(C)/半宽(H)/长度(L)/放弃(U)/宽度(W)]:a

　　　　　　　　　　　　///输入 A 并按 Enter 键,选择"圆弧"选项开始
　　　　　　　　　　　　绘制圆弧

　　指定圆弧的端点或

　　[角度(A)/圆心(CE)/闭合(CL)/方向(D)/半宽(H)/直线(L)/半径(R)/第二个点
(S)/放弃(U)/

　　宽度(W)]:300　　　　　　　　//沿垂直向上方向输入距离 300 并按 Enter 键

　　指定圆弧的端点或

　　[角度(A)/圆心(CE)/闭合(CL)/方向(D)/半宽(H)/直线(L)/半径(R)/第二个点
(S)/放弃(U)/

　　宽度(W)]:　　　　　　　　　　//按 Enter 键,结束命令

（2）单击【修改】面板中的【偏移】命令按钮 ，命令行提示如下:

命令:_offset

当前设置:删除源=否　　图层=源　　OFFSETGAPTYPE=0

指定偏移距离或[通过(T)/删除(E)/图层(L)]<1.0000>:25　　//输入偏移距离 25 并
　　　　　　　　　　　　按 Enter 键

选择要偏移的对象,或[退出(E)/放弃(U)]<退出>:　　　　　//选择多段线

指定要偏移的那一侧上的点,或[退出(E)/多个(M)/放弃(U)]<退出>:

　　　　　　　　　　　　//在多段线的内部任
　　　　　　　　　　　　意一点单击

选择要偏移的对象,或[退出(E)/放弃(U)]<退出>:　　　　　//按 Enter 键,结束
　　　　　　　　　　　　命令

绘制结果如图 5-15 所示。

3. 绘制直线

（1）单击【绘图】面板中的【直线】命令按钮 ，命令行提示如下:

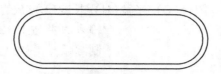

图 5-15　多段线绘制结果

命令:_line

指定第一点:100　　　　　　　　//沿多段线的中点 A(图 5-16)水平向左追踪距离
　　　　　　　　　　　　　　　　　　为 100,确定直线第一点

指定下一点或[放弃(U)]:109　　//沿垂直向下方向输入距离 109 并按 Enter 键

指定下一点或[放弃(U)]:　　　　//按 Enter 键,结束命令

命令:LINE　　　　　　　　　　//按 Enter 键,输入上一次直线命令

指定第一点:200　　　　　　　　//沿多段线的中点 A 垂直向下追踪间距为 200 并
　　　　　　　　　　　　　　　　　　按 Enter 键

指定下一点或[放弃(U)]:325　　//沿水平向左方向输入距离 325 并按 Enter 键

指定下一点或[放弃(U)]:　　　　//按 Enter 键,结束命令

绘制结果如图 5-16 所示。

(2) 单击【修改】面板中的【镜像】命令按钮 ⚐,命令行提示如下:

命令:_mirror

选择对象:指定对角点:找到 2 个　　//选择图 5-16 中的两条直线对象

选择对象:　指定镜像线的第一点:指定镜像线的第二点:
　　　　　　　　　　　　　　　　//分别捕捉多段线的中点 A 和中点 B 作为镜像线
　　　　　　　　　　　　　　　　　　的第一点和第二点

要删除源对象吗?[是(Y)/否(N)]<N>:
　　　　　　　　　　　　　　　　//按 Enter 键,不删除源对象

绘制结果如图 5-17 所示。

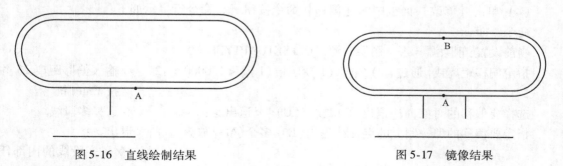

图 5-16　直线绘制结果　　　　　　　　　　　　图 5-17　镜像结果

4. 绘制圆弧

单击【绘图】面板中【圆弧】命令按钮 ⌒ 右侧的下三角号,选择 ⌒ 【三点】选项,
命令行提示如下:

命令:_arc 指定圆弧的起点或[圆心(C)]:　　　　//捕捉 C 点(图 5-18)

指定圆弧的第二个点或[圆心(C)/端点(E)]:　　//捕捉 D 点(图 5-18)

指定圆弧的端点：   //捕捉 E 点（图 5-18）

绘制结果如图 5-18 所示。

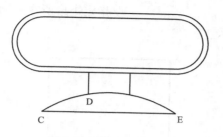

图 5-18　圆弧绘制结果

5.4　绘制电视机立面图

本实例以电视机立面图为例，讲解圆命令、矩形命令、直线命令、圆角命令的使用方法，绘制结果如图 5-19 所示。

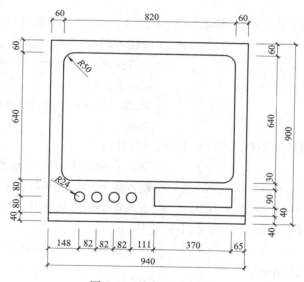

图 5-19　电视机立面图

步骤：

1. 绘制电视机轮廓线

单击【绘图】面板中的【矩形】命令按钮 ▢，命令行提示如下：

命令：_rectang

指定第一个角点或［倒角（C）/标高（E）/圆角（F）/厚度（T）/宽度（W）］：

                                //在绘图区之内任意指定一点

指定另一个角点或［面积（A）/尺寸（D）/旋转（R）］：d

                                //输入 D 并按 Enter 键，选择"尺寸"选项

指定矩形的长度 < 10.0000 > :940　　//输入矩形的长度 940 并按 Enter 键

指定矩形的宽度 <10.0000>:900　　　//输入矩形的宽度 900 并按 Enter 键

指定另一个角点或[面积(A)/尺寸(D)/旋转(R)]:

　　　　　　　　　　　　　　　　　//指定矩形所在一侧的点以确定矩形的方向

绘制结果如图 5-20 所示。

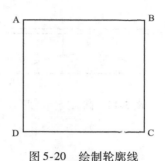

图 5-20　绘制轮廓线

2. 绘制屏幕

(1) 单击【绘图】面板中的【矩形】命令按钮□，命令行提示如下：

命令:_rectang

指定第一个角点或[倒角(C)/标高(E)/圆角(F)/厚度(T)/宽度(W)]:_from 基点:<偏

移>:@60,-60　　　　　　　　　　//按住 Shift 键的同时单击右键,弹出如图 5-21 所

　　　　　　　　　　　　　　　　　示的快捷菜单,选择"自"选项,在"_from 基点:"

　　　　　　　　　　　　　　　　　提示下,捕捉 A 点为基点,在"<偏移>:"提示

　　　　　　　　　　　　　　　　　下,输入@60,-60 并按 Enter 键,定出矩形左上

　　　　　　　　　　　　　　　　　角点

指定另一个角点或[面积(A)/尺寸(D)/旋转(R)]:d

　　　　　　　　　　　　　　　　　//输入 D 并按 Enter 键,选择"尺寸"选项

指定矩形的长度 <940.0000>:820　　//输入矩形的长度 820 并按 Enter 键

指定矩形的宽度 <900.0000>:640　　//输入矩形的宽度 640 并按 Enter 键

指定另一个角点或[面积(A)/尺寸(D)/旋转(R)]:

　　　　　　　　　　　　　　　　　//在右下方单击左键确定矩形位置

绘制结果如图 5-22 所示。

(2) 单击【修改】面板中的【圆角】命令按钮□，命令行提示如下：

命令:_fillet

当前设置:模式 = 修剪,半径 = 0.0000

选择第一个对象或[放弃(U)/多段线(P)/半径(R)/修剪(T)/多个(M)]:r

　　　　　　　　　　　　　　　　　//输入 R 并按 Enter 键,选择"半径"选项

指定圆角半径 <0.0000>:50　　　　//输入圆角半径 50 并按 Enter 键

选择第一个对象或[放弃(U)/多段线(P)/半径(R)/修剪(T)/多个(M)]:p

　　　　　　　　　　　　　　　　　//输入 P 并按 Enter 键,选择"多段线"选项

选择二维多段线或[半径(R)]:　　　//选择图 5-22 中的小矩形

4 条直线已被圆角

绘制结果如图 5-23 所示。

图 5-21　鼠标右键快捷菜单

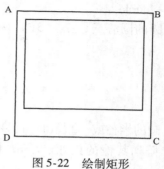

图 5-22　绘制矩形

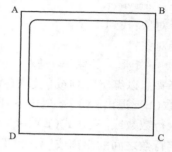

图 5-23　圆角矩形

3. 绘制底座分隔线

单击【绘图】面板中的【直线】命令按钮 ，命令行提示如下：

命令：_line

指定第一个点：40　　　　　//将鼠标指针移至 D 点,沿垂直向上追踪线输入 40 并按
　　　　　　　　　　　　　　Enter 键确定 E 点

指定下一点或［放弃(U)］：　//沿水平向右极轴方向捕捉交点 F(图 5-24)并单击左键

指定下一点或［放弃(U)］：　//按 Enter 键

绘制结果如图 5-24 所示。

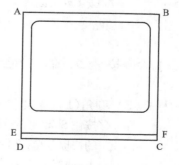

图 5-24　绘制直线

4. 绘制按钮

（1）绘制一个按钮。单击【绘图】面板中【圆】命令按钮⊙下侧的下三角号，选择

◎圆心、半径 【圆心、半径】选项，命令行提示如下：

命令：_circle

指定圆的圆心或[三点(3P)/两点(2P)/切点、切点、半径(T)]：_from 基点：<偏移>：@148,80　　　　　　　　　　//按住 Shift 键的同时单击右键,弹出如图 5-21 所示的快捷菜单,选择"自"选项,在"_from 基点:"提示下,捕捉 E 点为基点,在"<偏移>:"提示下,输入@148,80 并按 Enter 键,定出圆心

指定圆的半径或[直径(D)]:24　　　　//输入圆的半径 24 并按 Enter 键

（2）阵列其他的按钮。单击【修改】面板中的【阵列】命令按钮🔳，命令行提示如下：

命令：_arrayrect

选择对象:找到 1 个　　　　　　　　//选择刚刚绘制的圆

选择对象:　　　　　　　　　　　　//按 Enter 键,结束对象选择状态

类型 = 矩形　关联 = 是

选择夹点以编辑阵列或[关联(AS)/基点(B)/计数(COU)/间距(S)/列数(COL)/行数(R)/层数(L)/退出(X)]<退出>:R　　//输入 R 并按 Enter 键,选择"行数"选项

输入行数数或[表达式(E)]<3>:1　　//输入 1 并按 Enter 键,设置行数

指定行数之间的距离或[总计(T)/表达式(E)]<72>:

　　　　　　　　　　　　　　　　//按 Enter 键

指定行数之间的标高增量或[表达式(E)]<0>:

　　　　　　　　　　　　　　　　//按 Enter 键

选择夹点以编辑阵列或[关联(AS)/基点(B)/计数(COU)/间距(S)/列数(COL)/行数(R)/层数(L)/退出(X)]<退出>:COL　　//输入 COL 并按 Enter 键,选择"列数"选项

输入列数数或[表达式(E)]<4>:4　　//输入 4 并按 Enter 键,设置 4 列

指定 列数 之间的距离或[总计(T)/表达式(E)]<72>:82　　//输入 82 并按 Enter 键,指定列数之间距离

选择夹点以编辑阵列或[关联(AS)/基点(B)/计数(COU)/间距(S)/列数(COL)/行数(R)/层数(L)/退出(X)]<退出>:　　//按 Enter 键

绘制结果如图 5-25 所示。

5. 绘制矩形标志

单击【绘图】面板中的【矩形】命令按钮▭，命令行提示如下：

命令：_rectang

指定第一个角点或[倒角(C)/标高(E)/圆角(F)/厚度(T)/宽度(W)]:_from 基点：<偏移>:@-65,40　　　　　　　//按住 Shift 键的同时单击右键,弹出如图 5-21 所示的快捷菜单,选择"自"选项,在"_from 基点:"提示下,捕捉 F 点为基点,在"<偏移>:"提示下,输入@-65,40 并按 Enter 键,定出矩形右下角点

指定另一个角点或[面积(A)/尺寸(D)/旋转(R)]:d

　　　　　　　　　　　　　　　　//输入 D 并按 Enter 键,选择"尺寸"选项

指定矩形的长度 <800.0000> :370　　//输入矩形的长度 370 并按 Enter 键
指定矩形的宽度 <640.0000> :90　　//输入矩形的宽度 90 并按 Enter 键
指定另一个角点或[面积(A)/尺寸(D)/旋转(R)]:

　　　　　　　　　　　　　//在左上方单击左键以确定矩形的方向

最终绘制结果如图 5-26 所示。

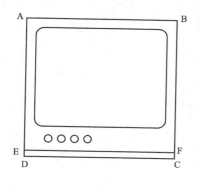

图 5-25　绘制圆形按钮

图 5-26　绘制矩形标志

5.5　绘制空调立面图

本实例以空调立面图为例，讲解椭圆命令、矩形命令、直线命令、阵列命令等的使用方法，绘制结果如图 5-27 所示。

步骤：

1. 设置绘图界限

1）选择菜单【格式】|【图形界限】，命令行提示如下：

命令:′_limits

重新设置模型空间界限：

指定左下角点或[开(ON)/关(OFF)] <0.0000,0.0000> :

　　　　　　　　　　　　　//按 Enter 键,指定左下角点为原点

指定右上角点 <420.0000,297.0000> :2000,2000

　　　　　　　　　　　　　//输入右上角点的坐标 2000,2000 并按 Enter 键

2）在命令行中输入 Z 并按 Enter 键,命令行提示如下：

命令:ZOOM

指定窗口的角点,输入比例因子（nX 或 nXP）,或者

[全部(A)/中心(C)/动态(D)/范围(E)/上一个(P)/比例(S)/窗口(W)/对象(O)] <实时> :a

正在重生成模型。　　　　　//输入 A 并按 Enter 键,选择"全部"选项,显示图
　　　　　　　　　　　　　形界限

2. 绘制空调轮廓线

（1）单击【绘图】面板中的【矩形】命令按钮▭,命令行提示如下：

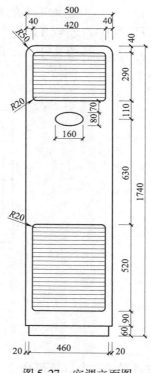

图 5-27 空调立面图

命令:_rectang

指定第一个角点或[倒角(C)/标高(E)/圆角(F)/厚度(T)/宽度(W)]:

　　　　　　　　　　　　　　//在绘图区之内任意指定一点

指定另一个角点或[面积(A)/尺寸(D)/旋转(R)]:d

　　　　　　　　　　　　　　//输入 D 并按 Enter 键,选择"尺寸"选项

指定矩形的长度<10.0000>:500　　　//输入矩形的长度 500 并按 Enter 键

指定矩形的宽度<10.0000>:1680　　　//输入矩形的宽度 1680 并按 Enter 键

指定另一个角点或[面积(A)/尺寸(D)/旋转(R)]:

　　　　　　　　　　　　　　//指定矩形所在一侧的点以确定矩形的方向

绘制结果如图 5-28 所示。

(2) 单击【修改】面板中的【圆角】命令按钮⬜,命令行提示如下:

命令:_fillet

当前设置:模式 = 修剪,半径 = 0.0000

选择第一个对象或[放弃(U)/多段线(P)/半径(R)/修剪(T)/多个(M)]:r

　　　　　　　　　　　　　　//输入 R 并按 Enter 键,选择"半径"选项

指定圆角半径<0.0000>:50　　　　//输入圆角半径 50 并按 Enter 键

选择第一个对象或[放弃(U)/多段线(P)/半径(R)/修剪(T)/多个(M)]:m

　　　　　　　　　　　　　　//输入 M 并按 Enter 键,选择"多个"选项

选择第一个对象或[放弃(U)/多段线(P)/半径(R)/修剪(T)/多个(M)]：
　　　　　　　　　　　　//选择线段 AD
选择第二个对象,或按住 Shift 键选择对象以应用角点或[半径(R)]：
　　　　　　　　　　　　//选择线段 AB
选择第一个对象或[放弃(U)/多段线(P)/半径(R)/修剪(T)/多个(M)]：
　　　　　　　　　　　　//选择线段 AB
选择第二个对象,或按住 Shift 键选择对象以应用角点或[半径(R)]：
　　　　　　　　　　　　//选择线段 BC
选择第一个对象或[放弃(U)/多段线(P)/半径(R)/修剪(T)/多个(M)]：
　　　　　　　　　　　　//按 Enter 键

绘制结果如图 5-29 所示。

（3）单击【绘图】面板中的【直线】命令按钮✐，命令行提示如下：

命令：_line

指定第一个点：20　　　　　　　　　//将鼠标指针移至 D 点,沿水平向右追踪线输
　　　　　　　　　　　　　　　　　　入 20 并按 Enter 键确定直线第一点

指定下一点或[放弃(U)]：60　　　　//沿垂直向下极轴方向输入 60 并按 Enter 键
指定下一点或[放弃(U)]：460　　　　//沿水平向右极轴方向输入 460 并按 Enter 键
指定下一点或[闭合(C)/放弃(U)]：60　//沿垂直向上极轴方向输入 60 并按 Enter 键
指定下一点或[闭合(C)/放弃(U)]：　　//按 Enter 键

绘制结果如图 5-30 所示。

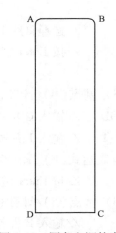

图 5-28　绘制空调轮廓线　　　　　图 5-29　圆角空调轮廓线　　　　　

图 5-30　绘制空调底座

3. 绘制空调扇

（1）单击【绘图】面板中的【矩形】命令按钮▭，命令行提示如下：

命令：_rectang

指定第一个角点或[倒角(C)/标高(E)/圆角(F)/厚度(T)/宽度(W)]：f
　　　　　　　　　　　//输入 F 并按 Enter 键,选择"圆角"选项
指定矩形的圆角半径 <0.0000>：20　//输入 20 并按 Enter 键,设置圆角半径为 20

指定第一个角点或[倒角(C)/标高(E)/圆角(F)/厚度(T)/宽度(W)]:_from 基点:<偏移>:@40,-40

//按住 Shift 键的同时单击右键,弹出如图 5-21 所示的快捷菜单,选择"自"选项,在"_from 基点:"提示下,捕捉图 5-31 所示的交点为基点,在"<偏移>:"提示下,输入@40,-40 并按 Enter 键,定出矩形左上角点

指定另一个角点或[面积(A)/尺寸(D)/旋转(R)]:d

//输入 D 并按 Enter 键,选择"尺寸"选项

指定矩形的长度<460.0000>:420　　//输入矩形的长度 420 并按 Enter 键

指定矩形的宽度<290.0000>:290　　//输入矩形的宽度 290 并按 Enter 键

指定另一个角点或[面积(A)/尺寸(D)/旋转(R)]:

//在右下方单击左键确定矩形位置

绘制结果如图 5-32 所示。

(2) 单击【绘图】面板中的【直线】命令按钮 ⁄ ,绘制直线 EF,命令行提示如下:

命令: _ line

指定第一个点:　　　　　　　　　　//捕捉图 5-33 中圆角端点 E

指定下一点或[放弃(U)]:　　　　　//捕捉图 5-33 中圆角端点 F

指定下一点或[放弃(U)]:　　　　　//按 Enter 键

(3) 单击【修改】面板中的【阵列】命令按钮 器 ,命令行提示如下:

命令:_arrayrect

选择对象:找到 1 个　　　　　　　　//选择直线 EF(图 5-33)

选择对象:　　　　　　　　　　　　//按 Enter 键

类型 = 矩形　关联 = 是

选择夹点以编辑阵列或[关联(AS)/基点(B)/计数(COU)/间距(S)/列数(COL)/行数(R)/层数(L)/退出(X)]<退出>:COL　　//输入 COL 并按 Enter 键,选择"列数"选项

输入列数数或[表达式(E)]<4>:1　　//输入 1 并按 Enter 键,设置 1 列

指定列数之间的距离或[总计(T)/表达式(E)]<630>:

//按 Enter 键

选择夹点以编辑阵列或[关联(AS)/基点(B)/计数(COU)/间距(S)/列数(COL)/行数(R)/层数(L)/退出(X)]<退出>:R　　//输入 R 并按 Enter 键,选择"行数"选项

输入行数数或[表达式(E)]<3>:11　　//输入 11 并按 Enter 键,设置 11 行

指定行数之间的距离或[总计(T)/表达式(E)]<1>:-25

//输入 -25 并按 Enter 键,设置行数之间的距离为 -25

指定行数之间的标高增量或[表达式(E)]<0>:

//按 Enter 键

选择夹点以编辑阵列或[关联(AS)/基点(B)/计数(COU)/间距(S)/列数(COL)/行数

（R)/层数(L)/退出(X)]＜退出＞： //按 Enter 键

绘制结果如图 5-33 所示。

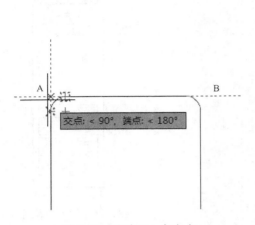

图 5-31 追踪左上角交点

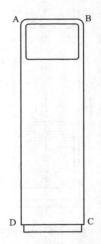

图 5-32 绘制空调扇轮廓

（4）同样做法，绘制空调下部分隔，绘制结果如图 5-34 所示。

图 5-33 绘制上部空调扇

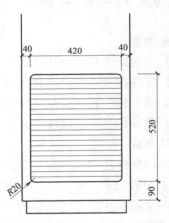

图 5-34 绘制下部空调扇

4. 绘制椭圆形标志

单击【绘图】面板中的【椭圆】命令按钮 ⬭，命令行提示如下：

命令：_ellipse

指定椭圆的轴端点或[圆弧(A)/中心点(C)]:_c

指定椭圆的中心点:110 //将鼠标指针移至空调扇下端直线的中点处，如
图 5-35 所示，向下移动鼠标指针，沿垂直向下
追踪线输入 110 并按 Enter 键，确定椭圆圆心

指定轴的端点:80 //沿水平向右极轴方向输入 80 并按 Enter 键

指定另一条半轴长度或[旋转(R)]:40 //输入 40 并按 Enter 键

绘制结果如图 5-36 所示。

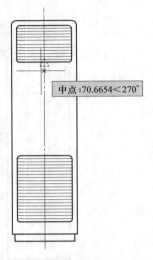

图 5-35 捕捉空调扇的中点

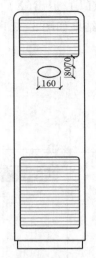

图 5-36 绘制空调标志

5.6 思考题与练习题

1. 思考题

（1）如何新建尺寸标注样式？

（2）标注样式中的全局比例有什么作用？

（3）线性标注和对齐标注有何区别？

（4）基线标注和连续标注有何区别？

2. 选择题

（1）设置标注样式的命令是（　　）。

A. DIMSTYLE　　　　B. STYLE　　　　C. TABLESTYLE　　　　D. MTEXT

（2）基线标注和连续标注的共同点是（　　）。

A. 都可以创建一系列由相同的标注原点测量出来的标注

B. 都可以创建一系列端对端的尺寸标注

C. 在使用前都得先创建一个线性标注、角度标注或坐标标注作为基准标注

D. 各个尺寸标注具有相同的第一条延伸线

（3）下列各图中的尺寸标注不能由线性标注命令完成的是（　　）。

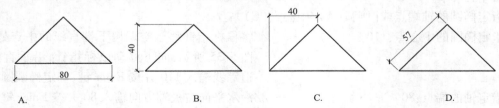

（4）基线标注尺寸的尺寸线之间的间距（　　）进行调整。

A. 可以　　　　　　　　B. 不可以

（5）角度标注命令可以标注（　　　）的角度。

A. 圆弧　　　　　　　　B. 两条直线　　　　C. 圆上的某段圆弧　　　　D. 以上均可

3. 绘制下列各图

（1）电视柜平面图，如图 5-37 所示。

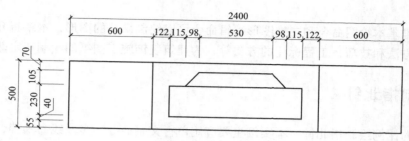

图 5-37　电视柜平面图

（2）电冰箱立面图，如图 5-38 所示。

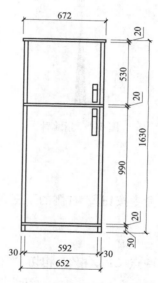

图 5-38　电冰箱立面图

第6章　绘制各类建筑图元

运用二维基本绘图命令和二维图形编辑命令可以绘制简单的图形，本章将介绍绘制各类建筑图块的方法和技巧，工程标注的方法等，为建筑装饰施工图纸的绘制奠定基础。

6.1　绘制指北针

以1:1的比例绘制指北针。本实例主要应用单行文字命令、多段线命令等，绘制结果如图6-1所示。

图6-1　指北针

步骤：

1. 运用细实线绘制圆

单击【绘图】面板中【圆】命令按钮右侧的下三角号，选择【圆心、半径】选项，命令行提示如下：

命令：_circle

指定圆的圆心或[三点(3P)/两点(2P)/相切、相切、半径(T)]：

　　　　　　　　　　　　　　//在绘图区内任意一点单击左键作为圆心

指定圆的半径或[直径(D)]<2.5000>:12　　//输入半径12并按Enter键

2. 绘制多段线箭头

(1)单击状态栏中的对象捕捉按钮，打开对象捕捉。再右击对象捕捉按钮，启用"象限点"捕捉模式，如图6-2所示。

(2)单击【绘图】面板中的【多段线】命令按钮，命令行提示如下：

命令：_pline

指定起点：　　　　　　　　//单击圆上端象限点，如图6-3所示

当前线宽为0.0000

指定下一个点或[圆弧(A)/半宽(H)/长度(L)/放弃(U)/宽度(W)]:W

　　　　　　　　　　　　　　//输入W并按Enter键，选择"宽度"选项

指定起点宽度<0.0000>:0　　　//输入0并按Enter键，设置起点宽度

指定端点宽度 <0.0000> :3　　　　　　　　　//输入 3 并按 Enter 键,设置端点宽度

指定下一个点或[圆弧(A)/半宽(H)/长度(L)/放弃(U)/宽度(W)]:

　　　　　　　　　　　　　　　　　　//单击圆下端象限点,如图 6-4 所示

指定下一点或[圆弧(A)/闭合(C)/半宽(H)/长度(L)/放弃(U)/宽度(W)]:

　　　　　　　　　　　　　　　　　　//按 Enter 键

绘制结果如图 6-5 所示。

图 6-2　启用"象限点"捕捉模式

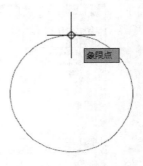

图 6-3　捕捉圆上端象限点

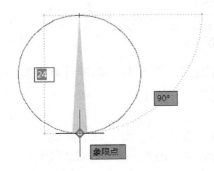

图 6-4　捕捉圆下端象限点

图 6-5　多段线绘制结果

3. 标注指北针方向

(1) 设置"汉字"文字样式。单击【注释】面板的按钮 注释▼ ,展开【注释】面板,如图 6-6 所示。单击【文字样式】命令按钮 A ,弹出【文字样式】对话框。单击【新建】按钮,弹出【新建文字样式】对话框,如图 6-7 所示,在【样式名】文本框中输入新样式名"汉字",单击【确定】按钮,返回【文字样式】对话框。从【字体名】下拉列表框中选择"仿宋"字体,【宽度因子】文本框设置为 0.8,【高度】文本框保留默认的值 0,【文字样式】对话框如图 6-8 所示,依次单击【应用】按钮、【置为当前】按钮和【关闭】按钮。

图 6-6　展开【注释】面板

图 6-7　【新建文字样式】对话框

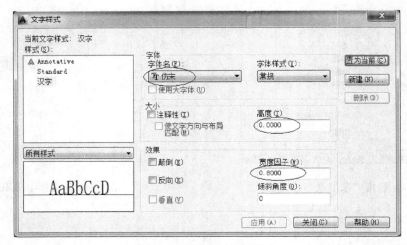

图 6-8　"汉字"文字样式

（2）单击【注释】面板中【文字】命令按钮下侧的下三角号，选择【单行文字】命令按钮 **A** 单行文字，如图 6-9 所示，命令行提示如下：

命令：_text

当前文字样式："汉字"　文字高度：2.5000　注释性：否　对正：左

指定文字的起点 或[对正(J)/样式(S)]：　　　//在指北针上侧一点单击左键

指定高度<2.5000>:3.5　　　　　　　　　　//输入 3.5 并按 Enter 键，设置高度

指定文字的旋转角度<0>:　　　　　　　　　//按 Enter 键，取默认的旋转角度 0°

此时，绘图区将进入文字编辑状态，输入文字"北"，按 Enter 键换行，再一次按 Enter 键结束命令即可。

（3）运用移动命令将"北"移到合适的位置，如图 6-10 所示。

注意：单行文字用来创建内容比较简短的文字对象，如图名、门窗标号等。如果当前使用的文字样式将文字的高度设置为 0，命令行将显示"指定高度："提示信息；如果文字样式中已经指定文字的固定高度，则命令行不显示该提示信息，使用文字样式中设置的文字高度。在命令行输入 DDEDIT 或 ED，可以对单行文字或多行文字的内容进行编辑。在绘图过程中，经常会用到一些特殊的符号，如直径符号、正负公差符号、度符号等，对于这些特殊

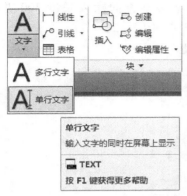

图 6-9 【单行文字】命令　　　　　　　　图 6-10 指北针绘制结果

的符号，可以运用单行文字命令绘制。AutoCAD 提供了相应的控制符来实现其输出功能，见表 6-1。

表 6-1 常用控制符

控制符	功　　能	控制符	功　　能
％％O	打开或关闭文字上画线	％％P	正负公差(±)符号
％％U	打开或关闭文字下画线	％％C	圆直径(φ)符号
％％D	度(°)符号		

6.2 绘制标高符号

以 1:100 的比例绘制标高符号。本实例主要应用单行文字命令、镜像命令等，绘制结果如图 6-11 所示。

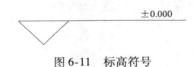

图 6-11 标高符号

步骤：

1. 设置极轴追踪

右键单击状态栏中的极轴追踪按钮，弹出图 6-12 所示极轴设置选项，选择 45°极轴角，并打开极轴追踪功能。

2. 运用细实线绘制标高符号

（1）绘制长度为 300 的辅助直线。单击【绘图】面板中的【直线】命令按钮╱，命令行提示如下：

命令：_line

指定第一个点：　　　　　　　　　　　//在绘图区适当位置单击左键,确定 A 点(图 6-13)

指定下一点或[放弃(U)]:300

//沿垂直向上极轴方向输入长度 300 并按 Enter
键,确定 B 点(图6-13)

指定下一点或[放弃(U)]:　　　//按 Enter 键

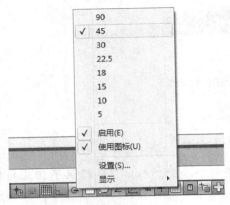

图6-12　设置45°极轴追踪

(2) 单击【绘图】面板中的【直线】命令按钮 ╱ ,命令行提示如下:

命令:_line

指定第一个点:　　　　　　　　//捕捉 A 点(图6-13)

指定下一点或[放弃(U)]:　　　//将鼠标指针移至 A 点(图6-13),出现端点捕捉提
示,从 A 点(图6-13)向 135°方向移动鼠标指针,
出现对象追踪线,如图6-14 所示,再将鼠标指针
移至 B 点(图6-13),出现端点捕捉提示,从 B 点
向左移动鼠标指针,在图6-14 所示的两条对象追
踪线的交点处单击左键,确定 C 点

指定下一点或[放弃(U)]:2000　//沿水平向右极轴方向输入 2000 并按 Enter 键

指定下一点或[闭合(C)/放弃(U)]://按 Enter 键

绘制结果如图6-13 所示。

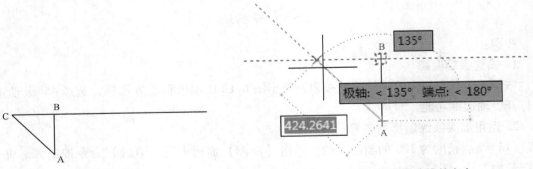

图6-13　绘制直线　　　　　　　　　　　图6-14　两条对象追踪线的交点

(3) 镜像直线 AC。单击【修改】面板中的【镜像】命令铵钮 ⚏ ,命令行提示如下:

命令:_mirror

选择对象:找到 1 个 　　　　　　　　　　　//选择直线 AC

选择对象: 　　　　　　　　　　　　　　　//按 Enter 键

指定镜像线的第一点: 　　　　　　　　　　//捕捉 A 点

指定镜像线的第二点: 　　　　　　　　　　//捕捉 B 点

要删除源对象吗?［是(Y)/否(N)］<N>: 　　//按 Enter 键

(4) 删除直线 AB。单击【修改】面板中的【删除】命令铵钮 ✐,命令行提示如下:

命令:_erase

选择对象:找到 1 个 　　　　　　　　　　　//选择直线 AB

选择对象: 　　　　　　　　　　　　　　　//按 Enter 键

绘制结果如图 6-15 所示。

3. 运用单行文字命令绘制文字

(1) 设置"数字"文字样式。单击【注释】面板的按钮 注释 ▾,展开【注释】面板,如图 6-6 所示。单击【文字样式】命令按钮 A,弹出【文字样式】对话框。单击【新建】按钮,弹出【新建文字样式】对话框,如图 6-16 所示,在【样式名】文本框中输入新样式名"数字",单击【确定】按钮,返回【文字样式】对话框。从【字体名】下拉列表框中选择"romans. shx"字体,【宽度因子】文本框设置为 0.8,【高度】文本框保留默认的值 0,【文字样式】对话框如图 6-17 所示,依次单击【应用】按钮、【置为当前】按钮和【关闭】按钮。

图 6-15　删除辅助线

图 6-16　【新建文字样式】对话框

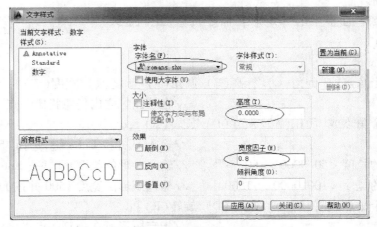

图 6-17　【文字样式】对话框

(2) 单击【注释】面板中【文字】命令按钮下侧的下三角号,选择【单行文字】命令按钮 A 单行文字,如图 6-9 所示,命令行提示如下:

命令:_text

当前文字样式:"数字"文字高度:2.5000   注释性:否   对正:左

指定文字的起点 或[对正(J)/样式(S)]:　　　//在文字左下角位置单击左键

指定高度 <2.5000>:250　　　　　　　　　//输入 250 并按 Enter 键,设置高度

指定文字的旋转角度 <0>:　　　　　　　　//按 Enter 键,取默认的旋转角度0°

此时,绘图区进入文字编辑状态,输入文字"%%p0.000",按 Enter 键换行,再一次按 Enter 键结束命令即可。

绘制结果如图 6-18 所示。

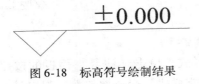

图 6-18　标高符号绘制结果

6.3　绘制门平面图

实例1:本实例运用矩形命令、圆弧命令等讲解内外开双扇门平面图的绘制方法,绘制结果如图 6-19 所示。

步骤:

1. 设置绘图界限

选择菜单【格式】|【图形界限】,根据命令行提示指定左下角点为坐标原点,右上角点为"2000,2000"。

在命令行中输入 ZOOM 命令,按 Enter 键后输入 A 再按 Enter 键,选择"全部"选项,显示图形界限。

2. 绘制矩形

单击【绘图】面板中的【矩形】命令按钮 ▭ ,命令行提示如下:

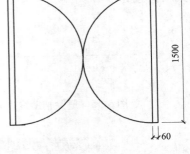

图 6-19　M1 平面图

命令:_rectang

指定第一个角点或[倒角(C)/标高(E)/圆角(F)/厚度(T)/宽度(W)]:
　　　　　　　　　　　　　　　　　　//在绘图区之内任意指定一点

指定另一个角点或[面积(A)/尺寸(D)/旋转(R)]:d
　　　　　　　　　　　　　　　　　　//输入 D 并按 Enter 键,选择"尺寸"选项

指定矩形的长度 <50.0000>:60　　　//输入矩形的长度 60 并按 Enter 键

指定矩形的宽度 <100.0000>:1500　　//输入矩形的宽度 1500 并按 Enter 键

指定另一个角点或[面积(A)/尺寸(D)/旋转(R)]:
　　　　　　　　　　　　　　　　　　//指定矩形所在一侧的点以确定矩形的方向

绘制结果如图 6-20 所示。

3. 绘制圆弧

单击【绘图】面板中【圆弧】命令按钮 ⌒ 右侧的下三角号,选择 ⌒ 起点,端点,方向 【起点、

端点、方向】选项，圆弧下拉按钮如图6-21所示，命令行提示如下：

图6-20 矩形绘制结果　　　　　　　　图6-21 圆弧下拉按钮

命令：_arc
指定圆弧的起点或[圆心(C)]：　　　　　//捕捉A点作为圆弧的起点
指定圆弧的第二个点或[圆心(C)/端点(E)]：_e
指定圆弧的端点：　　　　　　　　　　//捕捉B点作为圆弧的端点
指定圆弧的圆心或[角度(A)/方向(D)/半径(R)]：_d
指定圆弧的起点切向：　　　　　　　　//沿A点水平向右极轴方向任取一点单击
　　　　　　　　　　　　　　　　　　左键确定圆弧的起点切向

绘制结果如图6-22所示。

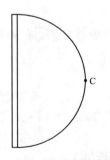

图6-22 圆弧绘制结果

4. 镜像图形
单击【修改】面板中的【镜像】命令按钮，命令行提示如下：
命令：_mirror

选择对象:指定对角点:找到 2 个 　　　　　//选择图 6-22 中的矩形和圆弧

选择对象: 　　　　　　　　　　　　　　//按 Enter 键,结束对象选择状态

指定镜像线的第一点:指定镜像线的第二点:

　　　　　　　　　　　　　　　　　　　//捕捉圆弧中点 C 及垂直方向上任意一点
　　　　　　　　　　　　　　　　　　　　作为镜像线的第一点和第二点

要删除源对象吗? [是(Y)/否(N)] <N>: 　　//按 Enter 键,不删除源对象

镜像结果如图 6-19 所示。

实例 2: 以 M2 平面图为例,讲解外开双扇门的绘制方法,绘制结果如图 6-23 所示。

步骤:

(1) 设置绘图界限

选择菜单【格式】|【图形界限】,根据命令行提示指定左下角点为坐标原点,右上角点为 "1000,1000"。

在命令行中输入 ZOOM 命令,按 Enter 键后输入 A 再按 Enter 键,选择 "全部" 选项,显示图形界限。

(2) 绘制矩形

单击【绘图】面板中的【矩形】命令按钮▭,命令行提示如下:

命令:_rectang

指定第一个角点或[倒角(C)/标高(E)/圆角(F)/厚度(T)/宽度(W)]:
　　　　　　　　　　　　　　　//在绘图区之内任意指定一点

指定另一个角点或[面积(A)/尺寸(D)/旋转(R)]:d
　　　　　　　　　　　　　　　//输入 D 并按 Enter 键,选择"尺寸"选项

指定矩形的长度 <50.0000>:30 　　　//输入矩形的长度 30 并按 Enter 键

指定矩形的宽度 <100.0000>:550 　//输入矩形的宽度 550 并按 Enter 键

指定另一个角点或[面积(A)/尺寸(D)/旋转(R)]:
　　　　　　　　　　　　　　　//指定矩形所在一侧的点以确定矩形的方向

绘制结果如图 6-24 所示。

(3) 绘制圆弧

单击【绘图】面板中【圆弧】命令按钮⌒▾右侧的下三角号,选择⌒ 起点、圆心、端点【起点、圆心、端点】选项,命令行提示如下:

命令:_arc

指定圆弧的起点或[圆心(C)]: 　　　　　//捕捉 D 点作为圆弧的起点

指定圆弧的第二个点或[圆心(C)/端点(E)]:_c 指定圆弧的圆心:
　　　　　　　　　　　　　　　//捕捉 E 点作为圆弧的圆心

指定圆弧的端点或[角度(A)/弦长(L)]:
　　　　　　　　　　　　　　　//沿 E 点水平向左极轴方向任意一点单击
　　　　　　　　　　　　　　　　左键

绘制结果如图 6-25 所示。

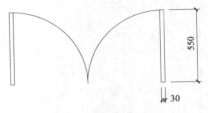

图 6-23　M2 平面图

图 6-24　矩形绘制结果

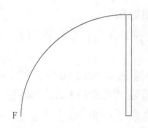

图 6-25　圆弧绘制结果

（4）镜像图形

单击【修改】面板中的【镜像】命令按钮⚐，命令行提示如下：

命令：_mirror

选择对象：指定对角点：找到 2 个　　　//选择图 6-25 中的矩形和圆弧

选择对象：　　　　　　　　　　　　　//按 Enter 键，结束对象选择状态

指定镜像线的第一点：指定镜像线的第二点：

　　　　　　　　　　　　　　　　　//捕捉圆弧端点 F 及垂直方向上任意一点
　　　　　　　　　　　　　　　　　作为镜像线的第一点和第二点

要删除源对象吗？［是（Y）/否（N）］< N > : //按 Enter 键，不删除源对象

镜像结果如图 6-23 所示。

6.4　绘制轴线和柱子

本实例以轴网图为例，讲解复制命令、偏移命令和镜像命令的使用方法，本实例还用到直线命令、矩形命令、线型比例设置等知识，绘制结果如图 6-26 所示。

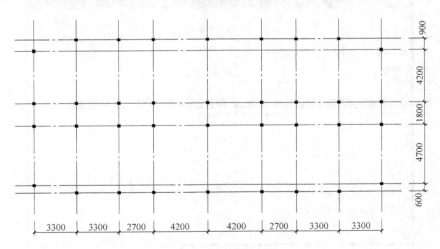

图 6-26　轴网分布图

步骤:

1. 设置绘图界限

选择菜单【格式】|【图形界限】，根据命令行提示指定左下角点为原点，右上角点为"33000，33000"。

在命令行中输入 ZOOM 命令，按 Enter 键后选择"全部"选项，显示图形界限。

2. 加载点画线"CENTER2"线型

（1）选择菜单【格式】|【线型】，弹出【线型管理器】对话框。

（2）单击【加载】按钮，弹出【加载或重载线型】对话框，如图 6-27 所示。从【可用线型】列表框中选择"CENTER2"线型，单击【确定】按钮，返回【线型管理器】对话框，从该对话框的列表中选择"CENTER2"线型，并单击【当前】按钮，即可将当前线型设置为 CENTER2 线型。将【全局比例因子】的值改为 100。【线型管理器】对话框如图 6-28 所示。

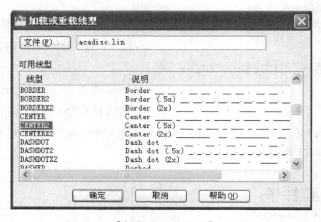

图 6-27 【加载或重载线型】对话框

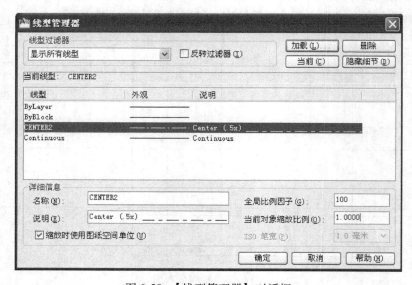

图 6-28 【线型管理器】对话框

注意：单击【隐藏细节】按钮，该按钮将转变为【显示细节】按钮，同时【详细信息】选项区域被隐藏。单击【显示细节】按钮，该按钮将转变为【隐藏细节】按钮，同时显示【详细信息】选项区域。

3. 绘制水平轴线

（1）运用直线命令绘制第一条水平轴线。单击【绘图】面板中的【直线】命令按钮 ✏，命令行提示如下：

命令：_line

指定第一点：　　　　　　　　　　//在绘图区之内任意一点单击

指定下一点或[放弃(U)]:30000　//沿水平向右的极轴方向输入轴线长度30000并按
　　　　　　　　　　　　　　　　 Enter键

指定下一点或[放弃(U)]:　　　　//按Enter键,结束命令

（2）运用偏移命令复制其他的水平轴线。单击【修改】面板中的【偏移】命令按钮 ⬒，命令行提示如下：

命令：_offset

当前设置:删除源=否　图层=源　OFFSETGAPTYPE=0

指定偏移距离或[通过(T)/删除(E)/图层(L)]<30.0000>:600
　　　　　　　　　　　　　　//输入两条轴线之间的间距600并按Enter键

选择要偏移的对象,或[退出(E)/放弃(U)]<退出>:
　　　　　　　　　　　　　　//选择第一条水平轴线

指定要偏移的那一侧上的点,或[退出(E)/多个(M)/放弃(U)]<退出>:
　　　　　　　　　　　　　　//在所选水平轴线的上侧单击以确定上侧偏移

选择要偏移的对象,或[退出(E)/放弃(U)]<退出>:
　　　　　　　　　　　　　　//按Enter键,结束命令

命令：　　　　　　　　　　　　//按Enter键,输入上一次的偏移命令

OFFSET

当前设置:删除源=否　图层=源　OFFSETGAPTYPE=0

指定偏移距离或[通过(T)/删除(E)/图层(L)]<600.0000>: 4700
　　　　　　　　　　　　　　//输入偏移距离4700并按Enter键

选择要偏移的对象,或[退出(E)/放弃(U)]<退出>:
　　　　　　　　　　　　　　//选择第二条水平轴线

指定要偏移的那一侧上的点,或[退出(E)/多个(M)/放弃(U)]<退出>:
　　　　　　　　　　　　　　//在所选水平轴线的上侧单击以确定上侧偏移

选择要偏移的对象,或[退出(E)/放弃(U)]<退出>:
　　　　　　　　　　　　　　//按Enter键,结束命令

同样，用偏移命令可以复制出其他的水平轴线，间距依次为1800、4200、900，绘制结果如图6-29所示。

4. 绘制垂直轴线

（1）运用直线命令绘制第一条垂直轴线

命令:_line
指定第一点: //在适当位置单击确定垂直轴线的一个端点
指定下一点或[放弃(U)]:   //在适当位置单击确定垂直轴线的另一个端点
指定下一点或[放弃(U)]:   //按 Enter 键,结束命令
绘制结果如图 6-30 所示。

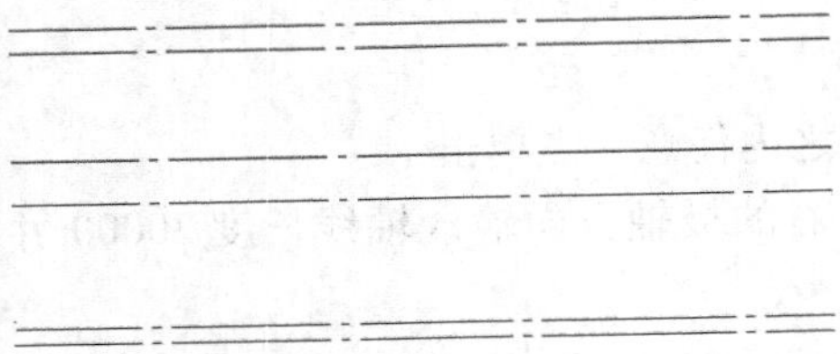

图 6-29   水平轴线绘制结果   图 6-30   第一条垂直轴线绘制结果

(2) 运用偏移命令绘制其他的垂直轴线。单击【修改】面板中的【偏移】命令按钮
🔲,命令行提示如下:

命令:_offset
当前设置:删除源 = 否   图层 = 源   OFFSETGAPTYPE = 0
指定偏移距离或[通过(T)/删除(E)/图层(L)] < 900.0000 > :   3300
                            //输入偏移距离 3300
选择要偏移的对象,或[退出(E)/放弃(U)] < 退出 > :
                            //选择第一条垂直轴线
指定要偏移的那一侧上的点,或[退出(E)/多个(M)/放弃(U)] < 退出 > :
                            //在所选垂直轴线的右侧单击以确定右侧偏移
选择要偏移的对象,或[退出(E)/放弃(U)] < 退出 > :
                            //选择第二条垂直轴线
指定要偏移的那一侧上的点,或[退出(E)/多个(M)/放弃(U)] < 退出 > :
                            //在第二条垂直轴线的右侧单击确定右侧偏移
选择要偏移的对象,或[退出(E)/放弃(U)] < 退出 > :
                            //按 Enter 键,结束命令

同样,用偏移命令可以复制其他的垂直轴线,其间距依次为 2700、4200、4200、2700、
3300、3300。绘制结果如图 6-31 所示。

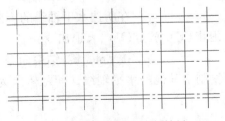

图 6-31   垂直轴线绘制结果

5. 绘制柱子

（1）绘制矩形。单击【绘图】面板中的【矩形】命令按钮▫，命令行提示如下：

命令：_rectang

指定第一个角点或［倒角（C）/标高（E）/圆角（F）/厚度（T）/宽度（W）］：

　　　　　　　　　　　　　//在任意一点单击

指定另一个角点或［面积（A）/尺寸（D）/旋转（R）］:d

　　　　　　　　　　　　　//输入 D 并按 Enter 键，选择"尺寸"选项

指定矩形的长度＜50.0000＞:240　　//输入矩形长度 240 并按 Enter 键

指定矩形的宽度＜50.0000＞:240　　//输入矩形宽度 240 并按 Enter 键

指定另一个角点或［面积（A）/尺寸（D）/旋转（R）］：

　　　　　　　　　　　　　//在合适位置单击左键确定矩形的方向

（2）填充矩形。在命令行中输入 SOLID 命令并按 Enter 键后，命令行提示如下：

命令：solid

指定第一点：　　　　　　　　//捕捉 A 点，如图 6-32 所示

指定第二点：　　　　　　　　//捕捉 B 点

指定第三点：　　　　　　　　//捕捉 C 点

指定第四点或＜退出＞：　　　//捕捉 D 点

指定第三点：　　　　　　　　//按 Enter 键，结束命令

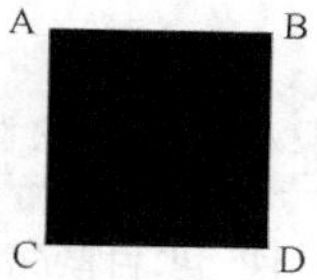

图 6-32　矩形填充结果

（3）复制填充矩形。单击【修改】面板中的【复制】命令按钮♋，命令行提示如下：

命令：_copy

选择对象：指定对角点：找到 2 个　　//选择填充的矩形

选择对象：　　　　　　　　　　//按 Enter 键，结束对象选择状态

当前设置：　复制模式 ＝ 多个

指定基点或［位移（D）/模式（O）］＜位移＞：

　　　　　　　　　　　　　//捕捉矩形的正中点为基点，如图 6-33 所示

指定第二个点或＜使用第一个点作为位移＞：

　　　　　　　　　　　　　//捕捉轴线的交点，复制填充矩形

指定第二个点或［退出（E）/放弃（U）］＜退出＞：

　　　　　　　　　　　　　//捕捉轴线的交点，复制填充矩形

……

依次进行复制，结果如图 6-26 所示。

注意： 在复制柱子时，可以先复制一组柱子，再把这组柱子复制到其他轴线上。比如，先把第二条垂直轴线上的四个柱子的位置找好，再整体复制这四个柱子。复制时以轴线的上

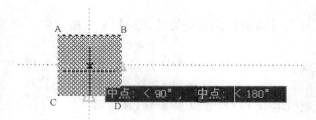

图 6-33 填充矩形的基点位置

端点为基点，被复制轴线的上端点为第二点。

6.5 标注设计说明

本实例主要应用多行文字命令创建项目概况说明，如图 6-34 所示。

项目概况：
1. 本工程位于沈阳，具体位置详见总平面图。
2. 本工程总建筑面积700.80㎡，基底面积为245.97㎡。
3. 建筑层数、高度：三层，建筑主体高度11.22m。
4. 设计内容：本工程为办公楼。
5. 建筑结构形式为框架结构，正常使用年限为50年，抗震设防烈度为7度。

图 6-34 项目概况说明

步骤：

（1）单击【注释】面板的按钮 注释 ▼ ，展开【注释】面板，如图 6-6 所示。单击【文字样式】命令按钮 A，弹出【文字样式】对话框。单击【新建】按钮，弹出【新建文字样式】对话框，如图 6-7 所示，在【样式名】文本框中输入新样式名"汉字"，单击【确定】按钮，返回【文字样式】对话框。从【字体名】下拉列表框中选择"仿宋"字体，【宽度因子】文本框设置为 0.8，【高度】文本框保留默认的值 0，如图 6-8 所示，依次单击【应用】按钮、【置为当前】按钮和【关闭】按钮。

（2）单击【注释】面板中的【多行文字】命令按钮 A，命令行提示如下：

命令:_mtext

当前文字样式:"汉字" 文字高度:3.5 注释性:否

指定第一角点: //在绘图区任意一点单击

指定对角点或[高度(H)/对正(J)/行距(L)/旋转(R)/样式(S)/宽度(W)/栏(C)]:

                    //指定矩形框的另一角点,弹出【文字编辑器】工具
                    栏和文字窗口

在【文字编辑器】工具栏中，选择"汉字"文字样式，文字高度设置为50。在文字窗口中输入相应的项目概况说明，如图 6-35 所示，单击【关闭文字编辑器】按钮。

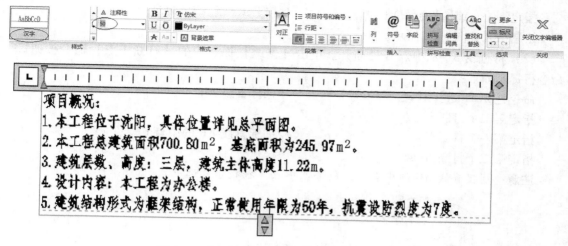

图6-35 【文字编辑器】工具栏和文字窗口内容

注意：多行文字可以包含不同高度的字符。要使用堆叠文字，文字中必须包含插入符（^）、正向斜杠（/）或磅符号（#）。选中要进行堆叠的文字，单击右键，然后在快捷菜单中选择"堆叠"选项，即可将堆叠字符左侧的文字堆叠在右侧的文字之上。选中堆叠文字，单击右键，然后在快捷菜单中选择"堆叠特性"选项，弹出【堆叠特性】对话框，如图6-36所示。"文字"选项区域可以分别编辑上面和下面的文字，"外观"选项区域控制堆叠文字的堆叠样式、位置和大小。

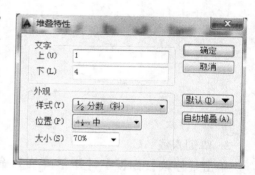

图6-36 【堆叠特性】对话框

6.6 绘制旋转楼梯

本实例以旋转楼梯为例，讲解旋转阵列命令、打断于点命令的使用方法，本实例还用到直线命令、圆弧命令等，绘制结果如图6-37所示。

步骤：

1. 设置绘图界限

选择菜单【格式】|【图形界限】，根据命令行提示指定左下角点为原点，右上角点为"6000，6000"。在命令行中输入ZOOM命令，按Enter键后选择"全部"选项，显示图形界限。

2. 绘制直线

（1）绘制直线AB。单击【绘图】面板中的【直线】命令按钮，命令行提示如下：

命令：_line

指定第一点： //在绘图区之内任意一点单击，确定点A

指定下一点或[放弃（U）]：@2400<45 //输入B点坐标，确定点B

指定下一点或[放弃(U)]:   //按 Enter 键,结束命令

绘制结果如图 6-38 所示。

（2）将直线 AB 从中点 C 处断开。单击【修改】面板中的【打断于点】命令按钮□，命令行提示如下：

命令:_break 选择对象: //选择直线 AB

指定第二个打断点 或[第一点(F)]:_f

指定第一个打断点: //捕捉直线 AB 的中点 C

指定第二个打断点:@

注意：捕捉直线 AB 的中点时，应将"中点"捕捉模式选中。

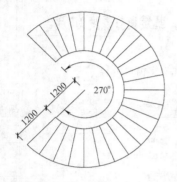

图 6-37　旋转楼梯

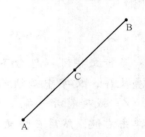

图 6-38　直线绘制结果

3. 阵列直线 AC

单击【修改】面板中【矩形阵列】命令按钮 ⊞ 阵列 ˙右侧的下三角号，选择【环形阵列】命令按钮 ⊡ 环形阵列，命令行提示如下：

命令:_arraypolar

选择对象:找到 1 个   //选择直线 AC

选择对象: //按 Enter 键

类型 = 极轴　关联 = 是

指定阵列的中心点或[基点(B)/旋转轴(A)]:   //指定 B 点为阵列的中心点

选择夹点以编辑阵列或[关联(AS)/基点(B)/项目(I)/项目间角度(A)/填充角度(F)/行(ROW)/层(L)/旋转项目(ROT)/退出(X)]<退出>:I   //输入 I 并按 Enter 键,选择

                                             "项目"选项

输入阵列中的项目数或[表达式(E)]<6>:25   //输入 25 并按 Enter 键

选择夹点以编辑阵列或[关联(AS)/基点(B)/项目(I)/项目间角度(A)/填充角度(F)/行(ROW)/层(L)/旋转项目(ROT)/退出(X)]<退出>:F

                                    //输入 F 并按 Enter 键,选择

                                       "填充角度"选项

指定填充角度(+ = 逆时针、 - = 顺时针)或[表达式(EX)]<360>:270

                                    //输入 270 并按 Enter 键

选择夹点以编辑阵列或[关联(AS)/基点(B)/项目(I)/项目间角度(A)/填充角度(F)/

行(ROW)/层(L)/旋转项目(ROT)/退出(X)] <退出 >： 　　　//按 Enter 键

绘制结果如图 6-39 所示。

4. 绘制圆弧

单击【绘图】面板中【圆弧命令】按钮 /·右侧的下三角号，选择 /三点【三点】选项，命令行提示如下：

命令：_arc

指定圆弧的起点或[圆心(C)]： 　　　　　　　　//捕捉 C 点

指定圆弧的第二个点或[圆心(C)/端点(E)]： 　　//捕捉任一直线段的里侧端点

指定圆弧的端点： 　　　　　　　　　　　　　　//捕捉 D 点

绘制结果如图 6-40 所示。

同样，运用三点画弧的方法可以绘制旋转楼梯的外弧，结果如图 6-37 所示。

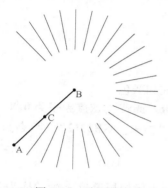

图 6-39　阵列结果

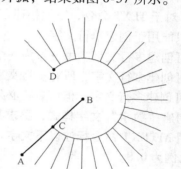

图 6-40　圆弧绘制结果

6.7　思考题与练习题

1. 思考题

（1）单行文字命令和多行文字命令有什么区别？各适用于什么情况？

（2）如何创建新的文字样式？

2. 将左侧的命令与右侧的功能连接起来

TEXT 　　　　　　　　　　创建多行文字

MTEXT 　　　　　　　　　创建表格对象

STYLE 　　　　　　　　　编辑文字内容

DDEDIT 　　　　　　　　创建单行文字

TABLE 　　　　　　　　　创建文字样式

3. 选择题

（1）以下（　　）命令是多行文字命令。

A. TEXT　　　　　B. MTEXT　　　　C. TABLE　　　　D. STYLE

（2）以下（　　）控制符表示正负公差符号。

A. ％％P　　　　　B. ％％D　　　　C. ％％C　　　　D. ％％U

（3）中文字体有时不能正常显示，它们显示为"？"，或者显示为一些乱码。使中文字体正常显示的方法有（　　　）。

A. 选择 AutoCAD 2014 自动安装的 txt. shx 文件

B. 选择 AutoCAD 2014 自带的支持中文字体正常显示的 TTF 文件

C. 在【文本样式】对话框中，将字体修改成支持中文的字体

D. 复制第三方发布的支持中文字体的 SHX 文件

（4）系统默认的 STANDARD 文字样式采用的字体是（　　　）。

A. Simplex. shx

B. 仿宋_ GB2312

C. txt. shx

D. 宋体

（5）对于 TEXT 命令，下面描述正确的是（　　　）。

A. 只能用于创建单行文字

B. 可创建多行文字，每一行为一个对象

C. 可创建多行文字，所有多行文字为一个对象

D. 可创建多行文字，但所有行必须采用相同的样式和颜色

4. 创建"数字"文字样式，要求其字体为"Simplex. shx"，宽度因子为 0.8。

5. 用 MTEXT 命令标注以下文字，要求字体采用"仿宋_ GB2312"，字高为 50，字体的宽度比例为 0.8。

设计要求：

（1）本工程所有现浇混凝土构件中受力钢筋的混凝土保护层厚度，梁、柱为 25mm，板厚 100mm 为 10mm，板厚 130mm 为 15mm。

（2）梁内纵向受力钢筋搭接和接头位置为图中有斜线的部位，每次接头为 25% 钢筋总截面面积，悬臂梁不允许有接头和搭接。

6. 绘制下列各图形

（1）玻璃造型窗示意图，如图 6-41 所示。

（2）洗手盆平面图，如图 6-42 所示。

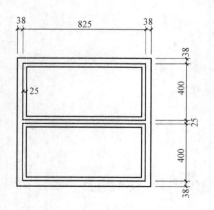

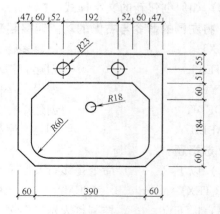

图 6-41　玻璃造型窗示意图　　　　　　图 6-42　洗手盆平面图

第7章　绘制住宅楼原始平面图

在进行室内装饰施工之前，设计师需要将户型结构、空间关系、房间尺寸等用图纸表现出来，即需要绘制原始平面图。本章以图7-1所示的原始平面图的绘制为例，讲述绘制住宅楼原始平面图的方法。

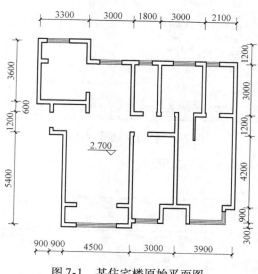

图 7-1　某住宅楼原始平面图

7.1　设置绘图环境

1. 创建新图形

单击快速访问工具栏中的【新建】按钮，弹出【选择样板】对话框，如图7-2所示。选择【文件名】下拉列表框中的"acadiso.dwt"文件，单击【打开】按钮，新建一个AutoCAD文件。

2. 关闭 AutoCAD 的图形界限限制

在命令行输入 limits 命令，命令行提示如下：

命令：limits

重新设置模型空间界限：

指定左下角点或［开（ON）/关（OFF）］＜0.0000，0.0000＞：off　//关闭界限限制

3. 关闭栅格显示

按下状态栏中的栅格按钮，关闭绘图区的栅格显示。

4. 设置图层

（1）单击【图层】面板中的【图层特性管理器】命令按钮，弹出【图层特性管理

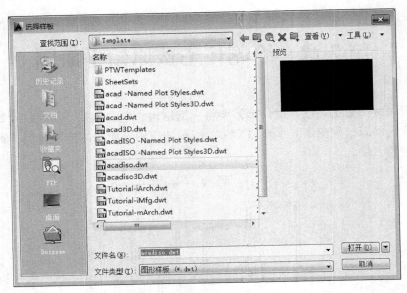

图 7-2 【选择样板】对话框

器】对话框，设置图层，结果如图 7-3 所示。

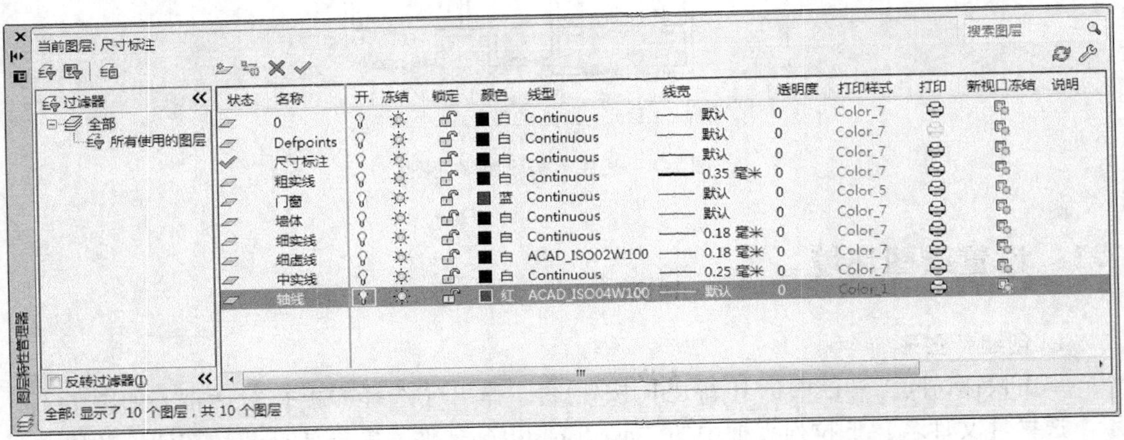

图 7-3 【图层特性管理器】对话框

（2）单击【图层特性管理器】对话框左上角的
×，关闭【图层特性管理器】对话框。

5. 设置文字样式

（1）单击【注释】面板中的 注释▼ ，打开如
图 7-4 所示的【注释】面板下拉列表。

（2）单击【文字样式】命令按钮，弹出【文
字样式】对话框。建立两个文字样式："汉字"样式
和"数字"样式。"汉字"样式采用"仿宋"字体，
宽度因子设为 0.8，用于填写工程做法、标题栏、会

图 7-4 【注释】面板下拉列表

签栏中的汉字样式等；"数字"样式采用"romans. shx"字体，宽度因子设为 0.8，用于书写数字及特殊字符。

（3）单击【关闭】按钮 ❌，关闭【文字样式】对话框。

6. 设置标注样式

单击图 7-4 中的【标注样式】命令按钮 ◢，弹出【标注样式管理器】对话框，新建"建筑"标注样式，将【线】选项卡中【尺寸界限】中的"起点偏移量"修改为 3；将【符号和箭头】选项卡中【箭头】中的"第一个"和"第二个"均修改为建筑标记、"箭头大小"修改为 1.5；将【文字】选项卡中【文字外观】中的"文字样式"修改为数字，"文字高度"修改为 2.5，【文字位置】中的"从尺寸线偏移"修改为 1.5；将【调整】选项卡中【特性标注比例】中的"使用全局比例"修改为 100；将【主单位】选项卡中【线性标注】中的"精度"修改为 0。然后单击【确定】按钮，再单击【关闭】按钮，关闭【标注样式管理器】对话框。

7. 设置图形单位

在命令行输入 UN 命令后按 Enter 键，在弹出的【图形单位】对话框中设置长度的单位为 0，单击【确定】按钮关闭对话框。

8. 设置线型比例

在命令行输入线型比例命令 LTS 并按 Enter 键，将全局比例因子设置为 100。

注意，在扩大了图形界限的情况下，为使点画线能正常显示，须将全局比例因子按比例放大。

9. 完成设置并保存文件

单击快速访问工具栏中的【保存】命令按钮 💾，打开【图形另存为】对话框。输入文件名"住宅楼原始平面图"，单击【保存】命令按钮保存文件。

注意，虽然在开始绘图前，已经对单位、图层、文字样式、标注样式等设置过了，但是在绘图过程中，仍然可以对它们进行重新设置，以防止在绘图时因设置不合理而影响绘图。

7.2 绘制轴线

1. 绘制前准备工作

打开 7.1 节保存的文件"住宅楼原始平面图 . dwg"，将"轴线"图层设置为当前图层。打开正交方式，设置对象捕捉方式为"端点"和"交点"捕捉方式。

2. 绘制水平轴线

（1）绘制轴线 A（图 7-5a）。单击【绘图】面板中的【直线】命令按钮 ／，命令行提示如下：

命令：_line
指定第一个点：   //在绘图区的左下角适当位置单击左键
指定下一点或 [放弃（U）]：@ 17000 < 0   //轴线的长度暂定为 17000
指定下一点或 [放弃（U）]：   //按 Enter 键，结束命令
（2）绘制其他水平轴线（图 7-5a）。单击【修改】面板中的【偏移】命令按钮 ◔，命

154

令行提示如下：

命令：_offset

当前设置：删除源＝否　图层＝源　OFFSETGAPTYPE＝0

指定偏移距离或［通过(T)/删除(E)/图层(L)］＜通过＞：300

　　　　　　　　　　　　//输入 A、B 轴之间的距离 300

选择要偏移的对象，或［退出(E)/放弃(U)］＜退出＞：

　　　　　　　　　　//选择第一条水平轴线，即 A 轴

指定要偏移的那一侧上的点，或［退出(E)/多个(M)/放弃(U)］＜退出＞：

　　　　　　　　　//在 A 轴的上侧单击左键复制出 B 轴

选择要偏移的对象，或［退出(E)/放弃(U)］＜退出＞：

　　　　　　　　　　//按 Enter 键，结束命令

然后按 Enter 键重复偏移命令（或者再一次单击【修改】面板中的【偏移】命令按钮 ），命令行提示如下：

OFFSET

当前设置：删除源＝否　图层＝源　OFFSETGAPTYPE＝0

指定偏移距离或［通过(T)/删除(E)/图层(L)］＜300＞：900

　　　　　　　　　　　//输入 B、C 轴之间的距离 900

选择要偏移的对象，或［退出(E)/放弃(U)］＜退出＞：

　　　　　　　　　//选择第二条水平轴线，即 B 轴

指定要偏移的那一侧上的点，或［退出(E)/多个(M)/放弃(U)］＜退出＞：

　　　　　　　　　//在 B 轴的上侧单击左键复制出 C 轴

选择要偏移的对象，或［退出(E)/放弃(U)］＜退出＞：

　　　　　　　　　//按 Enter 键，结束命令

同理利用偏移命令复制出所有的水平轴线，C 轴、D 轴、E 轴、F 轴、G 轴和 H 轴间的轴线间距，由下至上，分别为4200、1200、600、2400、1200。

绘制结果如图 7-5a 所示。

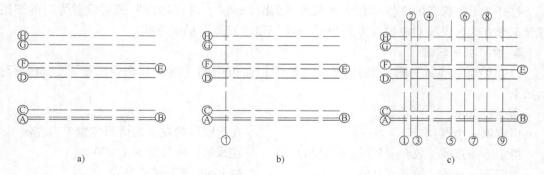

a)　　　　　　　　　b)　　　　　　　　　c)

图7-5　轴线绘制步骤

3. 绘制竖直轴线

同样做法，运用直线命令在适当位置画出 1 轴，如图 7-5b 所示，再运用偏移命令复制出其他的竖直轴线，1 ~ 8 轴间的距离分别为 900、900、1500、3000、1800、1200、1800、2100，绘制结果如图 7-5c 所示。

4. 标注轴线尺寸

为了更直接地识读轴线间距，下面对轴线进行尺寸标注。

将"尺寸标注"图层设置为当前图层，将当前标注样式设置为"建筑"标注样式。尺寸标注步骤如下：

（1）单击【注释】面板中的【线性】命令按钮 ⊓，命令行提示如下：

命令：_dimlinear

指定第一个尺寸界线原点或 ＜选择对象＞：   //捕捉 1 轴线下端点

指定第二条尺寸界线原点：   //捕捉 2 轴线下端点

指定尺寸线位置或

［多行文字（M）/文字（T）/角度（A）/水平（H）/垂直（V）/旋转（R）］：//在适当位置单击左键

标注文字 = 900

标注结果如图 7-6 所示。

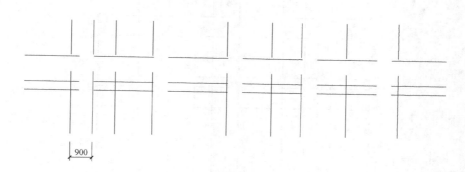

图 7-6　标注线性尺寸

（2）单击快速访问工具栏下面的【注释】，切换"默认"面板集到"注释"面板集，单击【标注】面板中的【连续标注】命令按钮 ⊓⊓，根据命令行提示依次选择 3、5、7、9 轴线的下端点，命令行提示如下：

命令：_dimcontinue

指定第二条尺寸界线原点或［放弃（U）/选择（S）］＜选择＞：   //选择 3 轴线下端点

标注文字 = 900

指定第二条尺寸界线原点或［放弃（U）/选择（S）］＜选择＞：   //选择 5 轴线下端点

标注文字 = 4500

指定第二条尺寸界线原点或［放弃（U）/选择（S）］＜选择＞：   //选择 7 轴线下端点

标注文字 = 3000

指定第二条尺寸界线原点或［放弃（U）/选择（S）］＜选择＞：   //选择 9 轴线下端点

标注文字 = 3900

指定第二条尺寸界线原点或［放弃(U)/选择(S)］＜选择＞： //按 Enter 键结束连续标注

下方水平尺寸标注结果如图 7-7 所示。

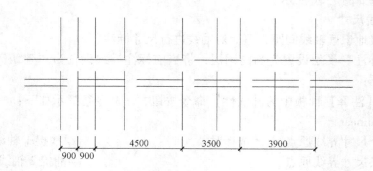

图 7-7　标注连续尺寸

（3）同样，利用线性标注命令及连续标注命令标注其他尺寸线，结果如图 7-8 所示。

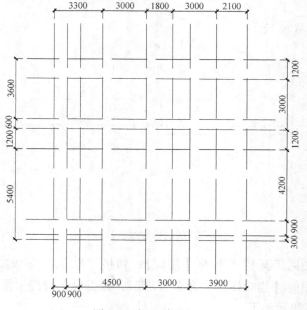

图 7-8　标注其他尺寸

注意，默认情况下，有些尺寸是重叠的，可以利用对象的夹点编辑功能在标注文字上单击后将尺寸标注文字移动到合适的位置。

7.3　绘制墙体

1. 绘制前准备工作

锁定"轴线"图层和"尺寸标注"图层，选择"墙体"图层为当前图层。

2. 设置多线样式

（1）单击快速访问工具栏最右侧的下拉箭头，单击"显示菜单栏"选项，打开下拉菜单。

（2）选择菜单【格式】|【多线样式】，弹出【多线样式】对话框。

（3）单击【新建】按钮，弹出【创建新的多线样式】对话框。在【新样式名】文本框中输入多线的名称"240"，如图7-9所示，单击【继续】按钮，弹出【新建多线样式：240】对话框，如图7-10所示。

图7-9 【创建新的多线样式】对话框

图7-10 【新建多线样式：240】对话框

（4）在【图元】文本框中，分别选中两条平行线，并在【偏移】文本框中分别输入偏移距离为"120"和"－120"。

（5）单击【确定】按钮，返回【多线样式】对话框，如图7-11所示，完成"240"墙体的设置。

（6）单击【保存】按钮，弹出如图7-12所示的【保存多线样式】对话框，在【文件名】文本框中输入文件名"240墙.mln"，单击【保存】按钮，返回【多线样式】对话框。

注意，单击【多线样式】对话框中的【保存】按钮，将当前多线样式保存为"*.mln"文件，则当前文件的多线样式能通过【多线样式】对话框中的【加载】按钮来加载，从而被其他文件使用。

图7-11 【多线样式】对话框

图 7-12 【保存多线样式】对话框

（7）同样做法，可以设置名称为"120"的墙体样式，其【新建多线样式：120】对话框如图 7-13 所示。

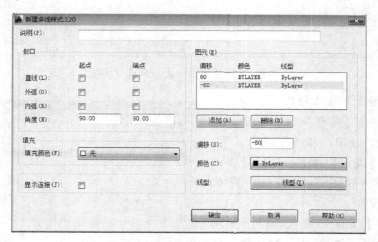

图 7-13 【新建多线样式：120】对话框

3．绘制及修改墙体

（1）绘制外墙线。先绘制外墙，节点均为轴线的交点，如图 7-14 所示。具体操作如下：

选择菜单【绘图】|【多线】，命令行提示如下：

命令：_mline

当前设置：对正 = 上,比例 = 20.00,样式 = STANDARD

指定起点或［对正(J)/比例(S)/样式(ST)］: j   //选择"对正"选项

输入对正类型［上(T)/无(Z)/下(B)］＜上＞：z　　//采用中线对齐方式

当前设置：对正 = 无,比例 = 20.00,样式 = STANDARD

指定起点或［对正(J)/比例(S)/样式(ST)］：s　　//选择"比例"选项

输入多线比例＜20.00＞：1　　//设置比例为1

当前设置：对正 = 无,比例 = 1.00,样式 = STANDARD

指定起点或［对正(J)/比例(S)/样式(ST)］：st　　//选择"样式"选项设置多线样式

输入多线样式名或［?］：240　　//设置多线样式为"240"样式

当前设置：对正 = 无,比例 = 1.00,样式 = 240

指定起点或［对正(J)/比例(S)/样式(ST)］：　　//捕捉 A 点

指定下一点：　　//捕捉 B 点

指定下一点或［放弃(U)］：　　//捕捉 C 点

指定下一点或［闭合(C)/放弃(U)］：　　//捕捉 D 点

指定下一点或［闭合(C)/放弃(U)］：　　//捕捉 E 点

指定下一点或［闭合(C)/放弃(U)］：　　//捕捉 F 点

指定下一点或［闭合(C)/放弃(U)］：　　//捕捉 G 点

指定下一点或［闭合(C)/放弃(U)］：　　//捕捉 H 点

指定下一点或［闭合(C)/放弃(U)］：2100　　//沿水平向右方向绘制 2100 长至 I 点

指定下一点或［闭合(C)/放弃(U)］：　　//沿竖直向上方向捕捉垂足绘制至 J 点

指定下一点或［闭合(C)/放弃(U)］：1800　　//沿水平向右方向绘制 1800 长至 K 点

指定下一点或［闭合(C)/放弃(U)］：　　//沿竖直向下方向捕捉垂足绘制至 L 点

指定下一点或［闭合(C)/放弃(U)］：2400　　//沿水平向右方向绘制 2400 长至 M 点

指定下一点或［闭合(C)/放弃(U)］：　　//沿竖直向上方向捕捉垂足绘制至 N 点

指定下一点或［闭合(C)/放弃(U)］：　　//捕捉 O 点

指定下一点或［闭合(C)/放弃(U)］：　　//捕捉 P 点

指定下一点或［闭合(C)/放弃(U)］：　　//捕捉 Q 点

指定下一点或［闭合(C)/放弃(U)］：　　//捕捉 R 点

指定下一点或［闭合(C)/放弃(U)］：c　　//输入 C 并按 Enter 键,封闭图形并结束多线命令

（2）绘制内墙。

选择菜单【绘图】|【多线】,用与绘制外墙相同的方法绘制所有的内墙。绘图结果和一些墙线段需要的尺寸如图 7-15 所示。在图 7-15 中,除 ST 段内墙为 120 样式外,其他内墙全为 240 样式。

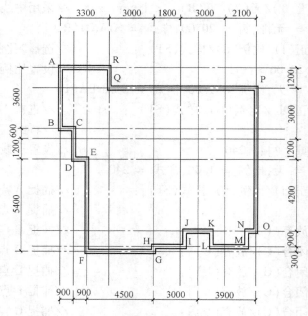

图 7-14 "240" 外墙绘制结果

注意,绘制每一段结束后按 Enter 键结束多线命令,再按 Enter 键重复多线命令绘制下一段。

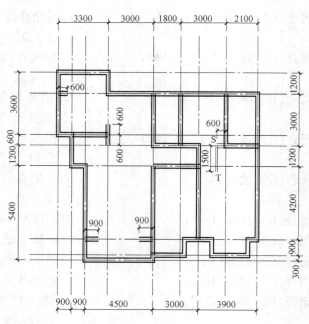

图 7-15 墙体绘制结果

(3) 编辑多线。

1) 关闭"轴线"图层。选择菜单【修改】|【对象】|【多线】,弹出【多线编辑工具】对话框,如图 7-16 所示。

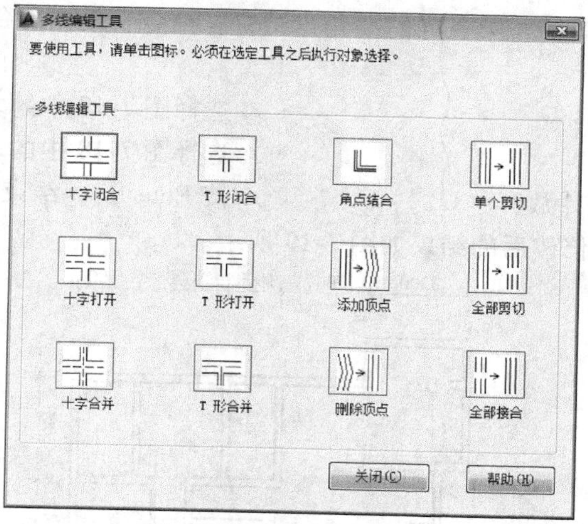

图 7-16 【多线编辑工具】对话框

2）利用移动命令将尺寸标注移动到适当位置，然后单击第二行第二列的"T 形打开"图标，根据命令行提示做如下操作：

命令：_mledit

选择第一条多线：   //选择图 7-17 中的多线 CD

选择第二条多线：   //选择图 7-17 中的多线 AB

选择第一条多线 或［放弃(U)］：   //按 Enter 键,结束命令

结果如图 7-17 所示。

注意，在使用多线编辑工具中的各个命令时，第一条线要在绘图区选择需要变为图 7-16 各图中竖直形式的多线，第二条线要在绘图区选择需要变为图 7-16 各图中水平形式的多线，如果修改结果异常，可以撤销后，再改变单击多线的顺序。

用相同的修改方法，或执行一次命令连续进行"T 形打开"操作，修改所有需要做相应处理的多线交点，完成后如图 7-18 所示。

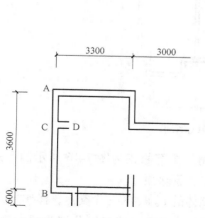

图 7-17 "T 形打开"修改 AB 段和 CD 段的交点

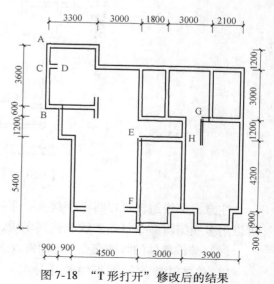

图 7-18 "T 形打开"修改后的结果

3）单击图 7-16 中第一行第三列的"角点结合"命令，根据命令行提示做如下操作：

命令：mledit

选择第一条多线：　　　　　　　　　　//选择图 7-18 中的多线 EF

选择第二条多线：　　　　　　　　　　//选择图 7-18 中的多线 EH

选择第一条多线 或 ［放弃（U）］：　　//按 Enter 键，结束命令

E 点"角点结合"修改后的结果如图 7-19 所示。

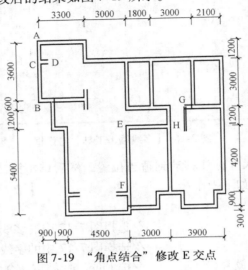

图 7-19　"角点结合"修改 E 交点

同理修改 G 交点，完成后如图 7-20 所示。

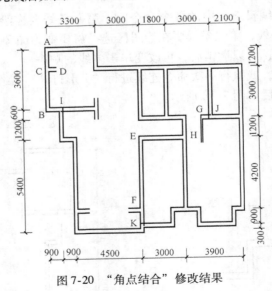

图 7-20　"角点结合"修改结果

注意，多线编辑可以将十字接头、丁字接头、角接头等修正为图 7-16 所示的形式，还可以用多线编辑命令打断多线和连接多线、添加顶点、删除顶点。

（4）修改墙体的特殊交点。下面修改图 7-20 中墙体的 I、J、K 三个交点，操作方法如下：

1）单击【修改】面板中的【分解】命令按钮，将选择的多线分解为单条直线段。

命令行提示如下：

命令：_explode

选择对象：指定对角点：找到 24 个

11 个不能分解。　　　　　　　　　//选择所有的墙线

选择对象：　　　　　　　　　　　//按 Enter 键结束命令

2）单击【修改】面板中的【修剪】命令按钮 ，命令行提示如下：

命令：_trim

当前设置：投影 = UCS,边 = 无

选择剪切边...

选择对象或 < 全部选择 >：指定对角点：找到 9 个

选择对象：指定对角点：找到 8 个,总计 17 个

选择对象：指定对角点：找到 9 个,总计 26 个

　　　　　　　　　　　//选择图 7-20 中过交点 I、J、K 的所有线段作为边界

选择对象：　　　　　　　　　//按 Enter 键结束边界选择

选择要修剪的对象，或按住 Shift 键选择要延伸的对象，或

［栏选（F）/窗交（C）/投影（P）/边（E）/删除（R）/放弃（U）］：

　　　　　　　　　　　//在需要修剪的位置选择直线

选择要修剪的对象，或按住 Shift 键选择要延伸的对象，或

［栏选（F）/窗交（C）/投影（P）/边（E）/删除（R）/放弃（U）］：

……　　　　　　　　　　//依次在需要修剪的位置选择各条直线

选择要修剪的对象，或按住 Shift 键选择要延伸的对象，或

［栏选(F)/窗交(C)/投影(P)/边(E)/删除(R)/放弃(U)］：

　　　　　　　　　　　//按 Enter 键结束命令

修改完成后，结果如图 7-21 所示。

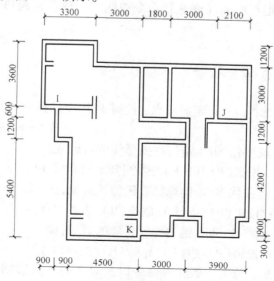

图 7-21　墙体的特殊交点修改结果

7.4 绘制窗和阳台

1. 修剪门窗洞口

（1）单击【绘图】面板中的【直线】命令按钮 ✎，绘制直线 MN（图 7-22），具体操作如下：

命令：_line
指定第一个点：620　　//由如图 7-23 所示的 L 点水平向右追踪距离为 620，得到起点 M
指定下一点或［放弃(U)］：　　　　//运用"垂足"捕捉方式捕捉 N 点（图 7-22）
指定下一点或［放弃(U)］：　　　　//按 Enter 键，结束命令
绘制结果如图 7-22 所示。

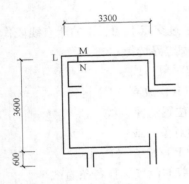

图 7-22　绘制直线 MN

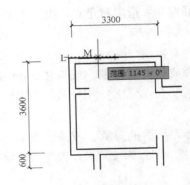

图 7-23　捕捉与追踪的应用

（2）用同样方法，绘制直线，由 M 点向右追踪 1500 确定直线起点 O，向下捕捉垂足 P，绘制出直线 OP，如图 7-24 所示。

（3）单击【修改】面板中的【修剪】命令按钮 ✂，修剪窗洞口，结果如图 7-25 所示。操作如下：

命令：_trim
当前设置：投影 = UCS，边 = 无
选择剪切边…
选择对象或 < 全部选择 >：指定对角点：找到 2 个　//选择剪切边界，线段 MN 和 OP
选择对象：　　　　　　　　　　　　　　　　//按 Enter 键结束边界选择
选择要修剪的对象，或按住 Shift 键选择要延伸的对象，或
［栏选(F)/窗交(C)/投影(P)/边(E)/删除(R)/放弃(U)］：//选择被修剪段 MO
选择要修剪的对象，或按住 Shift 键选择要延伸的对象，或
［栏选(F)/窗交(C)/投影(P)/边(E)/删除(R)/放弃(U)］：//选择被修剪段 NP
选择要修剪的对象，或按住 Shift 键选择要延伸的对象，或
［栏选(F)/窗交(C)/投影(P)/边(E)/删除(R)/放弃(U)］：//按 Enter 键结束命令

（4）同理，运用直线、修剪、删除等命令以及对象的夹点移动功能可以绘制并修剪出其他的门窗和阳台洞口，各种洞口尺寸和绘制结果如图 7-26 所示。

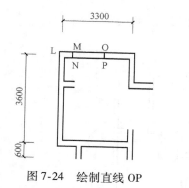

图 7-24　绘制直线 OP

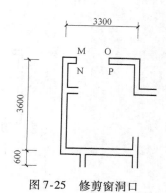

图 7-25　修剪窗洞口

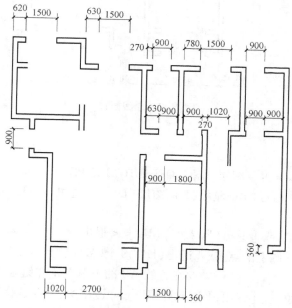

图 7-26　修剪完的门窗洞口和相应尺寸

（5）运用直线命令对墙线进行封口，完成后如图 7-27 所示。

2. 绘制窗图形块

块是用户在块定义时指定的全部图形对象的集合。块一旦被定义，就以一个整体出现（除非将其分解）。块的主要作用有：建立图形库、节省存储空间、便于修改和重定义、定义非图形信息等。制作窗块的步骤如下：

（1）选择"0"层为当前图层。运用直线命令在任意空白位置绘制一个长为 1000、宽为 100 的矩形，如图 7-28a 所示。

注意，如果图块中的图形元素全部被绘制在"0"层上，插入块时，图块中的图形元素继承插入层的线型和颜色属性；如果图块中的图形元素被绘制在不同的图层上，则插入图块时，图块中的图形元素都插在原来所在的图层上，并保持原来的线型、颜色等全部图层特性，与插入层无关。

（2）单击【修改】面板中的【偏移】命令按钮，根据命令行提示操作如下，结果如

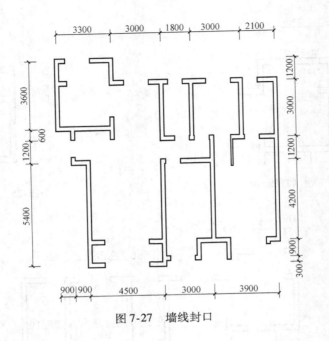

图 7-27　墙线封口

图 7-28b 所示。

命令：_offset

当前设置：删除源 = 否　　图层 = 源　　OFFSETGAPTYPE = 0

指定偏移距离或［通过(T)/删除(E)/图层(L)］＜通过＞：33　　//输入偏移距离 33 并

按 Enter 键

选择要偏移的对象，或［退出(E)/放弃(U)］＜退出＞：　　　　//选择直线 AB

指定要偏移的那一侧上的点，或［退出(E)/多个(M)/放弃(U)］＜退出＞：

　　　　　　　　　//在直线 AB 的下侧单击左键

选择要偏移的对象，或［退出(E)/放弃(U)］＜退出＞：　//选择直线 CD

指定要偏移的那一侧上的点，或［退出(E)/多个(M)/放弃(U)］＜退出＞：

　　　　　　　　　//在直线 CD 的上侧单击左键

选择要偏移的对象，或［退出(E)/放弃(U)］＜退出＞：　//按 Enter 键，结束命令

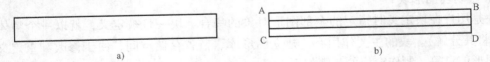

a)　　　　　　　　　　　　　　　　　b)

图 7-28　绘制窗图形块

（3）单击【块】面板中的【创建块】命令按钮 ，弹出如图 7-29 所示的【块定义】对话框。

（4）在【名称】列表框中指定块名"chuang"。单击【选择对象】命令按钮 ，框选构成窗块的所有对象，单击右键确定之后，重新显示【块定义】对话框，并在选项组下部显示：已选择 6 个对象。选中【删除】单选按钮。

（5）单击【拾取点】命令按钮 ，选择窗块的左下角点 C 为基点。

图 7-29 【块定义】对话框

（6）单击【确定】按钮，结束块定义。

注意，如果用户指定的块名已被定义，则 AutoCAD 显示一个警告信息，询问是否重新建立块定义，如果选择重新建立，则同名的旧块定义将被新块定义取代。

3. 插入窗图形块

（1）关闭"轴线"图层，将"门窗"图层设置为当前图层。单击【块】面板中的【插入块】命令按钮，弹出如图 7-30 所示的【插入】对话框。

（2）在【名称】下拉列表中选择"chuang"，在【比例】选项组中，取消选中【统一比例】复选框，"X"比例因子输入 1.5，"Y"比例因子输入 2.4。

（3）单击【确定】按钮，捕捉窗洞口左下角的 Q 点作为插入基点插入窗，结果如图 7-31 所示。

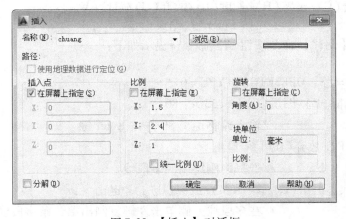

图 7-30 【插入】对话框

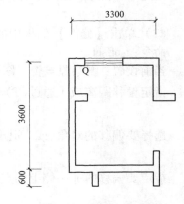

图 7-31 插入一个窗块

（4）尺寸不同的窗用相同的方法插入，尺寸相同的窗可利用复制命令复制，移动到相应的位置。绘制完所有窗的结果如图 7-32 所示。

注意，在图7-30所示的【插入】对话框中，设置旋转角度为90°，可插入竖直方向的窗。

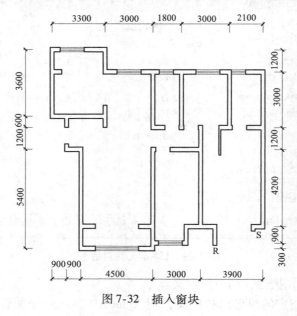

图7-32　插入窗块

4. 绘制阳台窗

（1）单击【绘图】面板中的【多段线】命令按钮，命令行提示如下：

命令：_pline

指定起点：　　　　　　　　　　　　　　//捕捉图7-33中的R点

当前线宽为0

指定下一个点或［圆弧（A）/半宽（H）/长度（L）/放弃（U）/宽度（W）］：2400

　　　　　　　　　　　　　　//沿水平向右方向输入距离2400

指定下一点或［圆弧（A）/闭合（C）/半宽（H）/长度（L）/放弃（U）/宽度（W）］：

　　　　　　　　　　　　　　//捕捉图7-33中的S点

指定下一点或［圆弧（A）/闭合（C）/半宽（H）/长度（L）/放弃（U）/宽度（W）］：

　　　　　　　　　　　　　　//按Enter键，结束命令

（2）单击【修改】面板中的【偏移】命令按钮，命令行提示如下：

命令：_offset

当前设置：删除源=否　图层=源　OFFSETGAPTYPE=0

指定偏移距离或［通过（T）/删除（E）/图层（L）］<33>：80

　　　　　　　　　　　　　　//输入偏移距离80并按Enter键

选择要偏移的对象，或［退出（E）/放弃（U）］<退出>：

　　　　　　　　　　　　　　//选择刚刚绘制的多段线

指定要偏移的那一侧上的点，或［退出（E）/多个（M）/放弃（U）］<退出>：

　　　　　　　　　　　　　　//在多段线上侧单击左键复制出第二条多段线

选择要偏移的对象，或［退出（E）/放弃（U）］<退出>：

　　　　　　　　　　　　　　//选择第二条多段线

指定要偏移的那一侧上的点，或［退出（E）/多个（M）/放弃（U）］<退出>：

//在多段线上侧单击左键复制出第三条多段线

选择要偏移的对象，或〔退出（E）/放弃（U）〕＜退出＞：

//选择第三条多段线

指定要偏移的那一侧上的点，或〔退出（E）/多个（M）/放弃（U）〕＜退出＞：

//在多段线上侧单击左键复制出第四条多段线

选择要偏移的对象，或〔退出（E）/放弃（U）〕＜退出＞：

//按 Enter 键，结束命令

绘制结果如图 7-33 所示。

5. 创建带属性的标高块

（1）将 0 层设为当前图层，利用直线命令在空白位置绘制出标高符号，如图 7-34 所示。

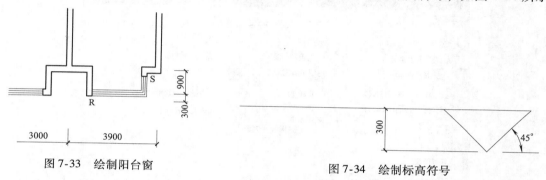

图 7-33　绘制阳台窗　　　　　　　　　　　图 7-34　绘制标高符号

（2）选择菜单【绘图】|【块】|【定义属性】，弹出【属性定义】对话框。

（3）在【属性定义】对话框的【属性】选项区域中设置【标记】文本框为"bg"，【提示】文本框为"请输入标高"，【默认（L）】文本框为"%%p0.000"；选中【插入点】选项区域中的【在屏幕上指定】复选框；选中【锁定位置】复选框；在【文字设置】选项区域中设置文字高度为 300；此时【属性定义】对话框如图 7-35 所示。

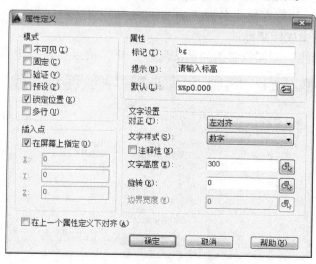

图 7-35　【属性定义】对话框

（4）单击【属性定义】对话框中的【确定】按钮，返回到绘图界面，然后指定插入点在标高符号的上方，完成"bg"属性的定义。此时标高符号如图7-36所示。

图7-36 定义属性后的标高符号

（5）单击【块】面板中的【创建块】命令按钮，弹出【块定义】对话框，输入块名称为"bg"，单击【选择对象】按钮，退出【块定义】对话框返回到绘图方式，框选图7-36中的标高符号和刚刚定义的属性"bg"，单击右键又弹出【块定义】对话框，单击【拾取点】按钮，捕捉标高符号三角形下方的顶点为插入点，又返回到【块定义】对话框，再选中【删除对象】单选按钮，此时的【块定义】对话框如图7-37所示。

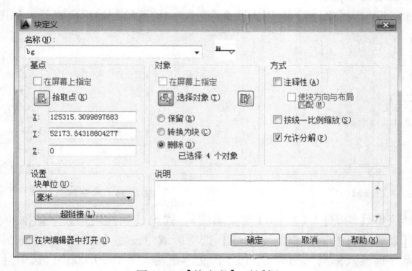

图7-37 【块定义】对话框

（6）单击【块定义】对话框中的【确定】按钮，返回到绘图界面，所绘制的标高符号被删除。定义完带属性的标高块，名为"bg"。

6. 插入标高块，完成标高标注

（1）将"尺寸标注"图层设置为当前图层。打开"端点"和"中点"捕捉方式。

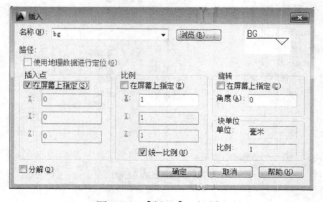

图7-38 【插入】对话框

（2）单击【块】面板中的【插入块】命令按钮 ，弹出【插入】对话框，在【名称】下拉列表中选择"bg"，选中【插入点】选项区域中的【在屏幕上指定】复选框。【插入】对话框如图7-38所示。

（3）单击【插入】对话框中的【确定】按钮，返回到绘图界面。命令行提示如下：

命令：_insert

指定插入点或［基点(B)/比例(S)/旋转(R)］：

//在适当位置单击左键,弹出如图7-39所示的［编辑属性］对话框

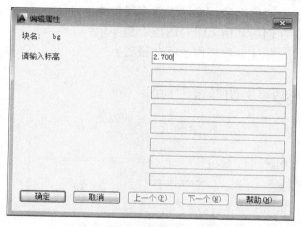

图7-39　【编辑属性】对话框

（4）在"编辑属性"对话框中输入标高值2.700，然后单击对话框中的【确定】按钮，关闭对话框，完成一个房间的标高标注。

注意，如果各房间地面标高相同，只标注一个即可；如果是半跃层，则需要在相应的位置分别插入标高块，标注不同的标高。

完成标高标注后，如图7-40所示。

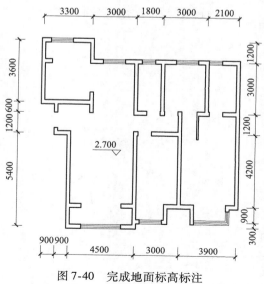

图7-40　完成地面标高标注

（5）至此，完成原始平面图的绘制，单击快速访问工具栏中的【保存】命令按钮 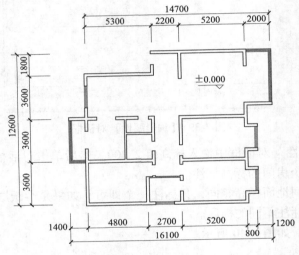，保存文件。

7.5 思考题与练习题

1. 思考题

（1）绘制一张完整的原始平面图有哪几个步骤？

（2）用多线命令绘制墙体之前，如何设置多线样式？

（3）门和窗图形块在创建和插入时对图层有何要求？

（4）原始平面图尺寸标注一般应修改哪些设置？

2. 绘图题

绘制如图 7-41 所示的某住宅楼原始平面图。

图 7-41　某住宅楼原始平面图

第8章 绘制住宅楼平面布置图

平面布置图体现室内各空间的功能划分，对室内设施进行准确定位，能让业主非常直观地了解设计师的设计理念和设计意图，是设计师与业主沟通的桥梁。居室的功能空间通常包括客厅、厨房、餐厅、卧室、书房和卫生间等，根据户型的大小，功能空间也各不相同。绘制平面布置图时，应首先调用原始平面图，根据业主的要求划分功能空间，然后确定各功能空间的家具设施和摆放位置。本章将完成如图8-1所示的住宅楼平面布置图的绘制。

图8-1 某住宅楼平面布置图

8.1 新建图形

平面布置图需要利用原始平面图中已经绘制好的墙体、窗等图形，因此不必重新绘制，只要在原始平面图的基础上修改即可。具体操作方法如下：

（1）单击快速访问工具栏中的【打开】命令按钮 📂，弹出【选择文件】对话框，如图8-2所示。在【查找范围】下拉列表框中选择原始平面图所在的路径，在【名称】列表框中选择"住宅楼原始平面图.dwg"，单击【打开】按钮，打开文件。

（2）单击界面左上角的应用程序按钮 📐，选择【另存为】下拉按钮 ，弹出【图形另存为】对话框，如图8-3所示。在【保存于】下拉列表框中选择正确的路径，在【文件名】文本框中输入文件名称"住宅楼平面布置图",单击【保存】按钮保存文件。

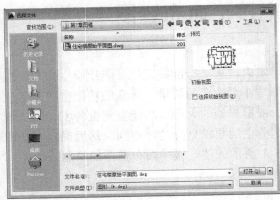

图 8-2 【选择文件】对话框

图 8-3 【图形另存为】对话框

8.2 绘制门

1. 创建门的图形

打开上一节保存的文件"住宅楼平面布置图.dwg",将"0"层设置为当前图层。打开正交方式,设置对象捕捉方式为"端点"和"交点"捕捉方式。绘制如图 8-4 所示的门图形块。

(1) 单击【绘图】面板中的【矩形】命令按钮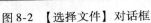,命令行提示如下:

命令:_rectang

指定第一个角点或[倒角(C)/标高(E)/圆角(F)/厚度(T)/宽度(W)]: //在空白位置单击

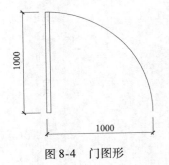

图 8-4 门图形

指定另一个角点或[面积(A)/尺寸(D)/旋转(R)]:@40,1000

//指定矩形另一角点,按 Enter 键结束命令

(2) 单击【绘图】面板中的【圆弧】命令按钮 ,命令行提示如下:

命令:_arc

圆弧创建方向:逆时针(按住 Ctrl 键可切换方向)

指定圆弧的起点或[圆心(C)]: //捕捉矩形左上角点

指定圆弧的第二个点或[圆心(C)/端点(E)]:c 指定圆弧的圆心:

//输入 C 并按 Enter 键,捕捉矩形左下角点作为圆心

指定圆弧的端点或[角度(A)/弦长(L)]:a 指定包含角:-90

//输入 A 并按 Enter 键,指定包含角度为-90°

绘制结果如图 8-4 所示。

2. 创建门块

（1）单击【块】面板中的【创建块】命令按钮 ⏧，弹出如图8-5所示的【块定义】对话框。

（2）在【名称】列表框中指定块名"men"。单击【选择对象】按钮 ⏥，选择构成门块的所有对象，单击右键确定之后，重新显示对话框，并在【对象】选项区域下部显示：已选择2个对象；选中【删除】单选按钮。

（3）单击【拾取点】按钮 ⏩，选择门块中矩形的左下角点为基点。

（4）单击【确定】按钮，块定义结束。

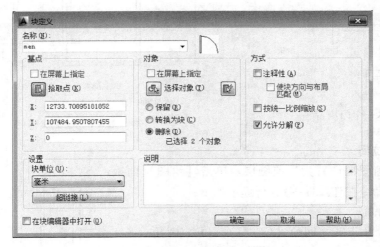

图8-5 【块定义】对话框

3. 插入门图形块

（1）将"门窗"图层设置为当前图层。单击【块】面板中的【插入】命令按钮 📂，弹出如图8-6所示的【插入】对话框。

（2）在【名称】下拉列表中选择"men"，在【比例】选项区域中，单击选中【统一比例】复选框，"X"比例因子输入 −0.9，"Y"比例因子输入0.9；在【旋转】选项区域中，在【角度】文本框中输入90。

（3）单击【确定】按钮，捕捉门洞口角点A作为插入基点插入门，结果如图8-7所示。

（4）用同样做法，可以插入其他不同方向和尺寸的门。对于

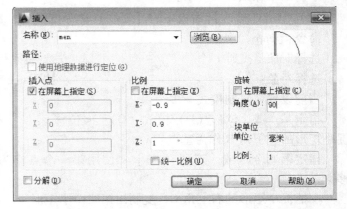

图8-6 【插入】对话框

相同尺寸的门，可以运用复制和镜像等命令绘制。结果如图8-8所示。

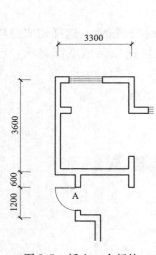

图 8-7　插入一个门块

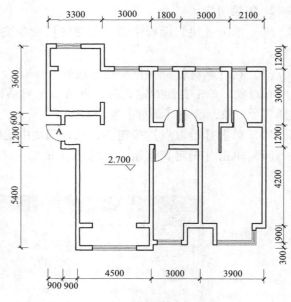

图 8-8　绘制其他门

4. 绘制推拉门

（1）将门窗图层设置为当前图层。单击【绘图】面板中的【矩形】命令按钮□，命令行提示如下：

命令：_rectang

指定第一个角点或［倒角（C）/标高（E）/圆角（F）/厚度（T）/宽度（W）］：//捕捉门洞口角点 B

指定另一个角点或［面积（A）/尺寸（D）/旋转（R）］：@840，40

//指定矩形另一角点，按 Enter 键结束命令

绘制结果如图 8-9 所示。

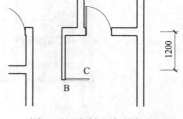

图 8-9　绘制一扇推拉门

（2）单击【修改】面板中的【复制】命令按钮，命令行提示如下：

命令：_copy

选择对象：找到 1 个　　　　　//选择刚才绘制的第一个小矩形

选择对象：　　　　　　　　　//按 Enter 键结束选择

当前设置：复制模式 = 多个

指定基点或［位移（D）/模式（O）］<位移>：　//捕捉小矩形的左下角 B 作为基点

指定第二个点或［阵列（A）］<使用第一个点作为位移>：

//捕捉小矩形的右上角 C，复制出第二个小矩形

指定第二个点或［阵列（A）/退出（E）/放弃（U）］<退出>：　//按 Enter 键结束命令

同样复制出第三个小矩形，推拉门绘制结果如图 8-10 所示。

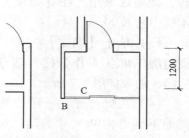

图 8-10　复制另两扇推拉门

绘制完推拉门后的结果如图 8-11 所示。

3300
3000
1800
3000
2100
3600
600
1200
5400
1200
3000
1200
4200
900
300
A
B
C
2.700
4500
3000
3900
900
900

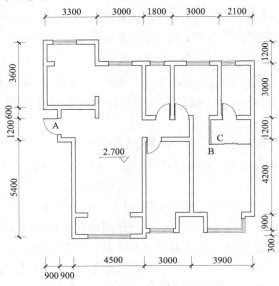

图 8-11　推拉门绘制完后的效果

8.3　绘制各空间平面布置图

平面布置图需要绘制和调用各种家具设施图形，如床、桌椅、洁具等图形。通常可使用以下几种方法调用：

（1）通过设计中心调用 AutoCAD 自带的模块。

（2）使用 INSERT（插入块）命令调用模板中的图块。

（3）复制其他“. dwg”文件中的图形。

（4）直接复制。

8.3.1　绘制卧室平面布置图

单击【图层】面板中的【图层特性管理器】命令按钮，弹出【图层特性管理器】对话框。单击【新建图层】按钮，新建“家具”图层，图层设置如图 8-12 所示。

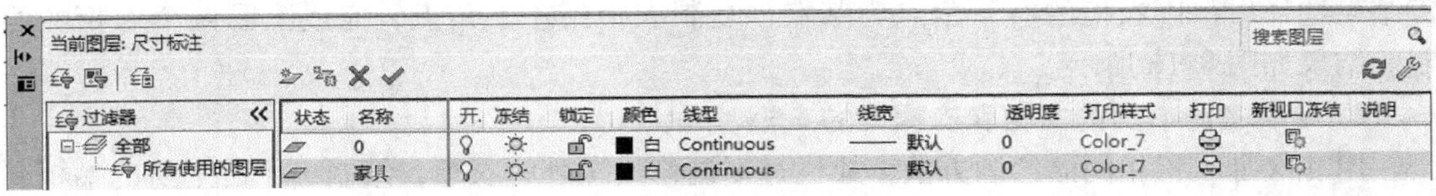

当前图层: 尺寸标注
搜索图层
过滤器
全部
所有使用的图层
状态 名称 开 冻结 锁定 颜色 线型 线宽 透明度 打印样式 打印 新视口冻结 说明
0 白 Continuous 默认 0 Color_7
家具 白 Continuous 默认 0 Color_7

图 8-12　“家具”图层设置

1. 绘制次卧衣柜

（1）将“家具”图层设置为当前图层，单击【绘图】面板中的【矩形】命令按钮，命令行提示如下：

命令：_rectang

指定第一个角点或［倒角（C）/标高（E）/圆角（F）/厚度（T）/宽度（W）］：

　　　　　　//捕捉图 8-13 中的 D 点作为矩形的第一个角点

指定另一个角点或［面积（A）/尺寸（D）/旋转（R）］：@ -850, -600

　　　　//用相对直角坐标指定矩形的另一个角点，按 Enter 键结束命令

（2）单击【修改】面板中的【偏移】命令按钮，偏移小矩形，命令行提示如下：

命令：_offset

当前设置：删除源 = 否　　图层 = 源　　OFFSETGAPTYPE = 0

指定偏移距离或［通过（T）/删除（E）/图层（L）］＜通过＞：20

　　　　　　　　　　//输入偏移距离 20

选择要偏移的对象，或［退出（E）/放弃（U）］＜退出＞：

　　　　　　　　　　//选择前面绘制的大矩形

指定要偏移的那一侧上的点，或［退出（E）/多个（M）/放弃（U）］＜退出＞：

　　　　　　　　　　//在大矩形的内部任意一点单击确定偏移方向

选择要偏移的对象，或［退出（E）/放弃（U）］＜退出＞：

　　　　　　　　　　//按 Enter 键，结束命令

绘制结果如图 8-13 所示。

（3）单击【特性】面板中的【线型控制】下拉列表框，在弹出的下拉列表中选择虚线线型"ACAD_ISO02W100"，如图 8-14 所示。

（4）在命令行输入"LTS"命令并按 Enter 键，再输入 30，按 Enter 键，将当前线型比例设置为 30。

（5）利用【绘图】面板中的直线命令，分别捕捉小矩形的角点绘制两条对角线。结果如图 8-15 所示。

（6）利用【修改】面板中的复制命令，选择图 8-15 中的衣柜，按 Enter

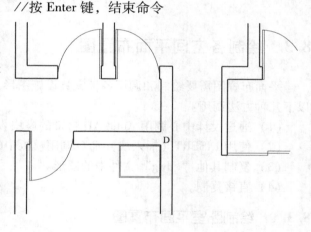

图 8-13　绘制矩形

键结束选择后，以衣柜的右下角点为基点，复制衣柜到左下角点，完成次卧两个衣柜的绘制。结果如图 8-16 所示。

2. 绘制主卧书房的书柜和衣帽间的衣柜

用和次卧衣柜相同的绘制方法，或通过复制修改次卧的衣柜，绘制出主卧书房的书柜和衣帽间的衣柜，结果如图 8-17 所示。其中衣帽间的衣柜尺寸为 600 × 620，书房书柜的尺寸为 480 × 690。

3. 绘制次卧窗帘

（1）利用【绘图】面板中的直线命令，以图 8-18 中的 E 点为起点，向左捕捉垂足 F 绘制虚线 EF。

图 8-14　当前线型改为虚线线型

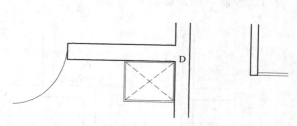

图 8-15　绘制两条对角线

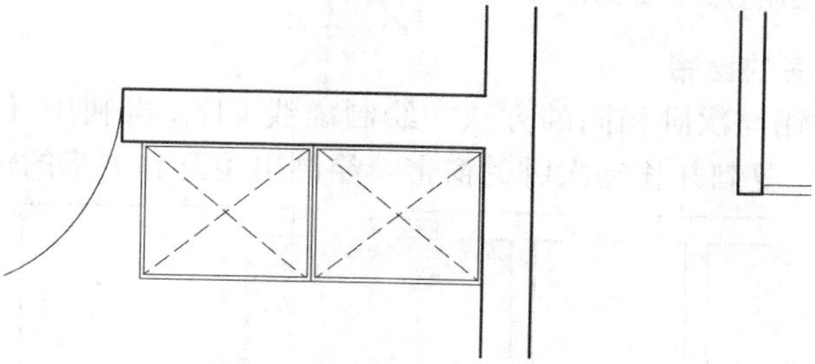

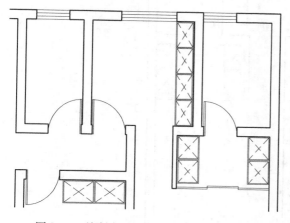

图 8-16　绘制完成的次卧衣柜

图 8-17　绘制主卧书房书柜和衣帽间衣柜

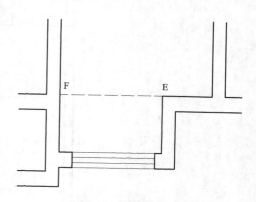

图 8-18　绘制虚线 EF

（2）单击【特性】面板中的【线型控制】下拉列表框，在弹出的下拉列表中选择
———— ByLayer（线型随层）。

（3）分别利用【绘图】面板中的直线命令／和圆弧命令／，在次卧窗帘的位置，按图
8-19a 所示形状和大小，绘制出一个箭头和一个开口向下的圆弧，再利用【修改】命令面板
中的镜像命令△，以水平线为镜像轴镜像出开口向上的圆弧。

（4）利用【修改】面板中的移动命令 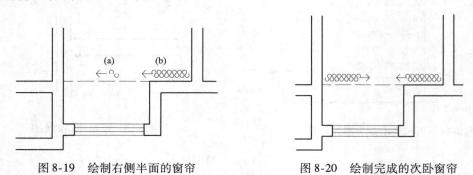 和复制命令 ，利用箭头和圆弧组合出图 8-19b 所示的右侧半面窗帘。

（5）利用【修改】面板中的镜像命令 ，对前面绘制的半面窗帘以竖直方向线为轴镜像出左侧半面的窗帘，并利用【修改】面板中的移动命令 ，移动到适当位置，完成次卧窗帘的绘制。结果如图 8-20 所示。

图 8-19　绘制右侧半面的窗帘　　　　　图 8-20　绘制完成的次卧窗帘

4. 绘制主卧和书房的窗帘

如图 8-21 所示，用与次卧相同的方法，绘制虚线 GH，再利用【修改】面板中的复制命令 和移动命令 ，复制并移动次卧的窗帘，绘制出主卧和书房的窗帘。

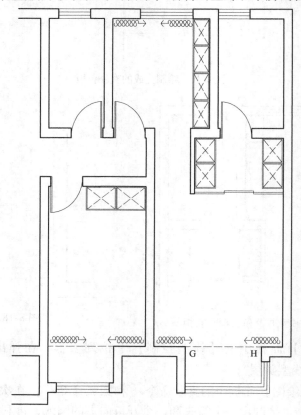

图 8-21　绘制完成的卧室窗帘

5. 绘制卧室的挂画和墙面装饰物

（1）单击【绘图】面板中的【矩形】命令按钮▭，命令行提示如下：

命令：_rectang

指定第一个角点或［倒角（C）/标高（E）/圆角（F）/厚度（T）/宽度（W）］：

//捕捉图 8-22 中书房左侧墙的中点 I 并向下追踪 20 作为矩形的第一个角点

指定另一个角点或［面积（A）/尺寸（D）/旋转（R）］：@60，−500

  //用相对直角坐标指定矩形的另一个角点，按 Enter 键结束命令

（2）同样的方法，利用矩形命令，由 I 点向上追踪 40 作为矩形的一个角点，以相对坐标@60，500 指定矩形的另一个角点，绘制出上面的矩形。

完成的书房挂画如图 8-22 所示。

（3）相似的方法，用【绘图】面板中的矩形命令▭和【修改】面板中的移动命令✛，绘制出主卧门侧墙和衣帽间外墙上的装饰物。完成后如图 8-23 所示。

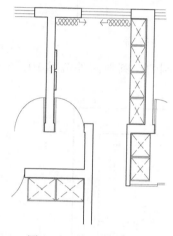

图 8-22　绘制书房挂画

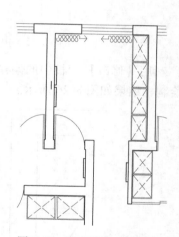

图 8-23　绘制侧墙和装饰物

6. 绘制卧室卫生间浴盆

（1）单击【绘图】面板中的【矩形】命令按钮▭，命令行提示如下：

命令：_rectang

指定第一个角点或［倒角（C）/标高（E）/圆角（F）/厚度（T）/宽度（W）］：

//捕捉图 8-24 中的 J 点作为矩形的第一个角点

指定另一个角点或［面积（A）/尺寸（D）/旋转（R）］：800

//捕捉到图 8-24 中的 K 点后向下追踪 800，指定矩形的另一个角点，按 Enter 键结束命令

（2）利用【修改】面板中的偏移命令▱，将刚才绘制的大矩形向内偏移 100，得到中间的矩形，再利用偏移命令▱，将中间的矩形向内偏移 40 得到里面的矩形。结果如图 8-24 所示。

（3）单击【绘图】面板中的【圆】命令按钮◯，命令行提示如下：

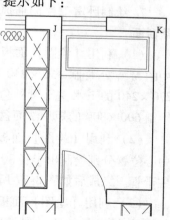

图 8-24　绘制浴盆边线

命令：_circle

指定圆的圆心或［三点(3P)/两点(2P)/切点、切点、半径(T)］： ＜正交 开＞ ＜极轴开＞ ＜对象捕捉追踪 开＞ ＜打开对象捕捉＞ 260

//捕捉图 8-25 中内部矩形右边中点 L,向左追踪 260 确定圆心位置

指定圆的半径或［直径(D)］：40 //输入 40 按 Enter 键

这样绘制出地漏的小圆。

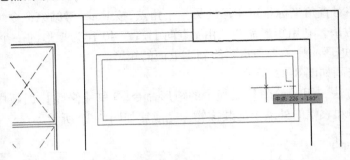

图 8-25　由内部矩形右边线中点 L 向左追踪

（4）利用【修改】面板中的偏移命令□，将刚才绘制的小圆形向外偏移 10，完成浴盆地漏的绘制，结果如图 8-26 所示。

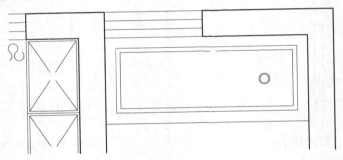

图 8-26　绘制完成的浴盆

7. 绘制卧室卫生间通风道、下水主干管外包和洗面盆台面

（1）利用【绘图】面板中的矩形命令□，在图 8-27 中的 M 点处绘制 360×240 的矩形通风道，在外侧绘制 270×240 的下水主干管外包，在这两个矩形的上侧靠墙绘制 600×800 的矩形洗面盆台面。

（2）利用【绘图】面板中的圆命令◎，在外包的正中心位置分别绘制出半径 30 和 40 的两个同心圆作为下水主干管。完成后如图 8-27 所示。

（3）利用【绘图】面板中的直线命令／，距外包的外表面 OPN 向内 60 绘制两条平行的直线，距通风道外表面 PQR 向内 30 绘制两条直线，再绘制一条拆线 QSR，结

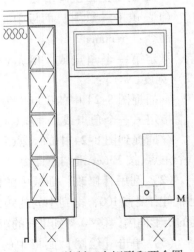

图 8-27　绘制三个矩形和两个圆

果如图 8-28 所示。

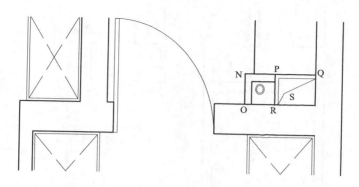

图 8-28 绘制断面线

（4）单击【绘图】面板中的【图案填充】命令按钮 🔲，则面板组变为【图案填充创建】面板，如图 8-29 所示。

图 8-29 【图案填充创建】面板

（5）在需要填充的边界内侧依次单击，确定填充范围。然后在【图案】面板中设置图案为"SOLID"，再单击【关闭】面板中的【关闭图案填充创建】命令按钮 ✖，绘制结果如图 8-30 所示。

8. 插入图块

（1）单击快速访问工具栏中的【打开】命令按钮 📂，弹出【选择文件】对话框。在【查找范围】下拉列表框中选择"床.dwg"所在的路径，在【名称】列表框中选择"床.dwg"，单击【打开】按钮，打开文件。

（2）选择菜单【编辑】｜【全部选择】，选择组成床的所有对象。

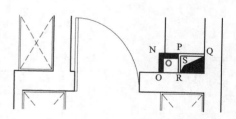

图 8-30 完成图案填充后的通风道和下水主干管外包

（3）选择菜单【编辑】｜【带基点复制】，指定床的右下角点为基点，则床的所有对象被复制到剪贴板上。

（4）单击【住宅楼平面布置图】文件选项卡，将窗口切换到"住宅楼平面布置图.dwg"。选择菜单【编辑】｜【粘贴】，将床复制到主卧的合适位置。再次粘贴将床复制到次卧的合适位置。结果如图 8-31 所示。

（5）同样做法，卧室还需插入电视柜、电视、洗手盆、坐便器和书桌等。如果插入的对象与房间的比例不协调，可以运用【修改】面板中的缩放命令进行缩放，也可以运用移动命令调整位置。插入图块的效果如图 8-32 所示。

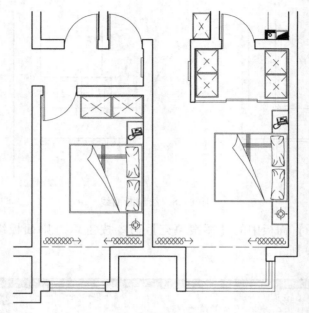

图 8-31　插入床

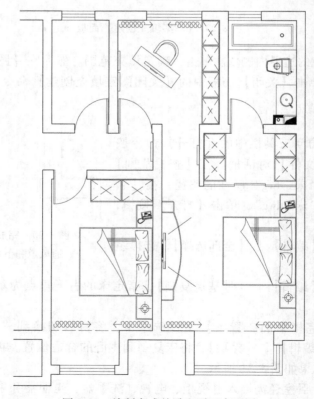

图 8-32　绘制完成的卧室平面布置图

8.3.2 绘制卫生间的平面布置图

卫生间平面布置图绘制方法，与主卧室卫生间的平面布置图绘制方法相同，参照前述方法绘制，各种物品尺寸和绘制结果如图 8-33 所示。

8.3.3 绘制厨房和餐厅的平面布置图

1. 绘制厨房水管和外包

用与主卧卫生间下水管和外包相同的绘制方法，利用【绘图】面板中的矩形命令 ▢、直线命令 ✎、圆命令 ⊙ 和图案填充命令 ▨，在图 8-34 所示的 T 点和 U 点绘制水管和外包，结果如图 8-34 所示。

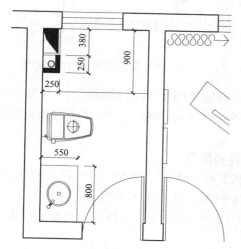

图 8-33　绘制完成的单独卫生间
的平面布置图及相应尺寸

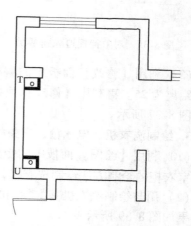

图 8-34　绘制完成的厨房
水管和外包

2. 绘制橱柜台面

（1）单击【绘图】面板中的【直线】命令按钮 ✎，命令行提示如下：

命令：_line

指定第一个点：　＜正交 开＞　＜极轴 开＞＜对象捕捉追踪 关＞

//打开正交、极轴、对象捕捉追踪,捕捉图 8-35 中的 V 点单击,作为直线的第一个点

指定下一点或［放弃（U）］：

//鼠标指针移动到 V 点上,再移动到 X 点上,向下移动,追踪到交点 W,单击

指定下一点或［放弃（U）］：　　　　　//捕捉图 8-35 中的 X 点单击

指定下一点或［闭合（C）/放弃（U）］：　//按 Enter 键结束命令绘制完 VWX 两段直线

LINE　　　　　　　　　　　　　　　//按 Enter 键重复直线命令

指定第一个点：　　　　　　　　　　//捕捉图 8-36 中的 X 点

指定下一点或［放弃（U）］：360　　　//沿竖直向上方向绘制 360 到 Z 点

指定下一点或［放弃（U）］：1070　　 //沿水平向右方向绘制 1070 到 A 点

指定下一点或［闭合（C）/放弃（U）］：　//沿竖直向上方向捕捉到垂足 B 点

指定下一点或［闭合(C)/放弃(U)］：　　//按 Enter 键结束命令

结果如图 8-36 所示。

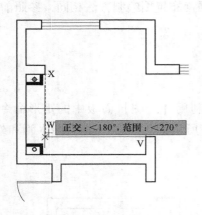

图 8-35　对象捕捉追踪到 W 点

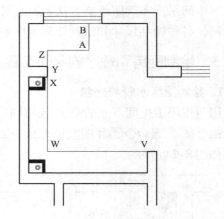

图 8-36　绘制橱柜台面平面布置

（2）利用【修改】面板中的偏移命令向内复制图 8-36 中的橱柜线 VWX 和 YZAB，偏移距离为 25。再利用【修改】面板中的修剪命令和延伸命令修改偏移出的线段，结果如图 8-37 所示。

3. 绘制洗衣机、电冰箱、玄关柜、成品酒柜和窗帘

（1）利用【绘图】面板中的矩形命令和直线命令，在图 8-37 所示的 B 点位置，按卧室衣柜的绘制方法绘制洗衣机，尺寸为 600×400。结果如图 8-38 所示。

（2）用与绘制洗衣机基本相同的方法，在图 8-38 所示的 C 点位置，绘制电冰箱，尺寸和结果如图 8-39 所示。

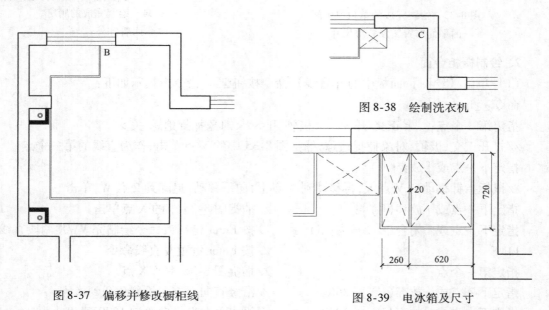

图 8-38　绘制洗衣机

图 8-37　偏移并修改橱柜线

图 8-39　电冰箱及尺寸

（3）用与绘制卧室衣柜相同的方法绘制成品酒柜和门厅的玄关柜，再将卧室的窗帘复制后移动到适当位置绘制餐厅的窗帘。酒柜尺寸和完成后的结果如图 8-40 所示。

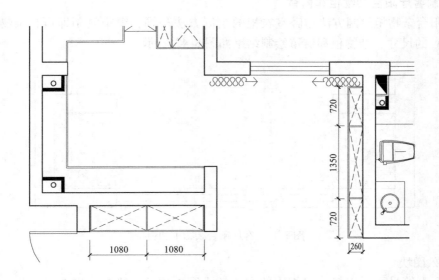

图 8-40 绘制玄关柜、成品酒柜和窗帘

4. 插入图块

用与绘制卧室平面布置图相同的方法插入餐桌椅、洗涤槽、厨具和灶台，完成后如图 8-41 所示。

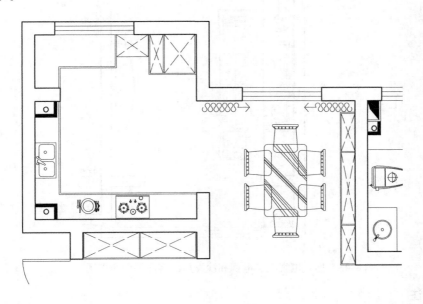

图 8-41 插入餐桌椅、洗涤槽、厨具和灶台后的厨房和餐厅平面布置图

8.3.4 绘制客厅平面布置图

1. 绘制客厅阳台杂物柜和窗帘

客厅阳台杂物柜绘制方法与卧室衣柜的绘制方法相同，窗帘复制即可，杂物柜（左右两个相同）的尺寸、杂物柜和窗帘绘制结果如图 8-42 所示。

图 8-42　客厅阳台杂物柜和窗帘

2. 插入图块

删除标高符号，再用与前述相同的方法插入客厅中的电视柜、电视和沙发，结果如图 8-43 所示。

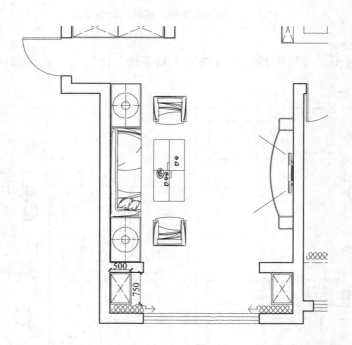

图 8-43　插入电视柜、电视和沙发后的客厅平面布置图

3. 文字标注

选择菜单【绘图】|【文字】|【单行文字】，命令行提示如下：

当前文字样式："汉字"　文字高度：500　注释性：　否　对正：　左

指定文字的中间点 或［对正(J)/样式(S)］：j 　　//输入 J 按 Enter 键,修改对正方式

输入选项［左(L)/居中(C)/右(R)/对齐(A)/中间(M)/布满(F)/左上(TL)/中上(TC)/右上(TR)/左中(ML)/正中(MC)/右中(MR)/左下(BL)/中下(BC)/右下(BR)］：mc

　　　　　　　　　　　　　　　//输入 MC 按 Enter 键,修改对正方式为"正中"

指定文字的中间点： 　　　　　//在需要添加文字标注的位置单击确定文字的中间点

指定高度 ＜400＞：300 　　　　//指定文字的高度 300 按 Enter 键

指定文字的旋转角度 ＜0＞： 　　//默认 0,按 Enter 键

然后输入文字，完成一处标注后，在另一处需要标注文字的地方再单击，再输入文字，以此类推，输入完所有的房间功能名称后两次按 Enter 键结束命令。再将文字适当移动后，结果如图 8-44 所示。

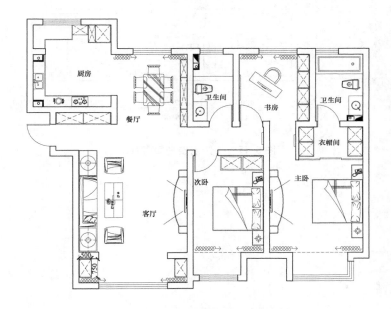

图 8-44　文字标注后住宅楼平面布置图

4. 保存文件

完成平面布置图的绘制，单击快速访问工具栏中的【保存】命令按钮📁，保存文件。

8.4　思考题与练习题

1. 思考题

（1）平面布置图主要反映哪些内容？

（2）绘制门时有何技巧？

（3）调用床、沙发等图块常用的方法有哪些？

2. 绘图题

绘制如图 8-45 所示的某住宅楼平面布置图。

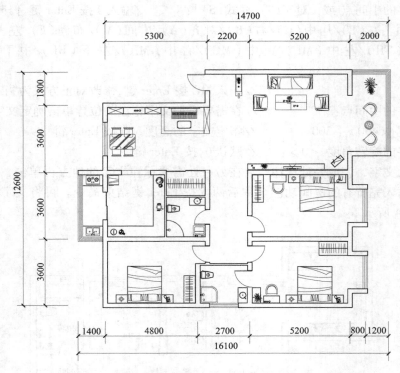

图 8-45　某住宅楼平面布置图

第9章 绘制住宅楼地面材料图

当地面材料比较简单时，可以在平面布置图中标注材料、规格，当地面材料较复杂时，需单独绘制地面材料图。本章绘制如图9-1所示的住宅楼地面材料图。绘制地面材料图时，应首先调用平面布置图，删除室内的家具和陈设，然后根据设计要求绘制各空间地材图。

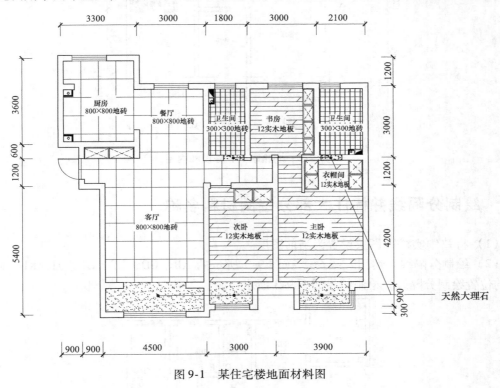

图9-1 某住宅楼地面材料图

9.1 新建图形

地面材料图需要利用平面布置图中已经绘制好的墙体、门、窗、固定的设备和设施等图形，只要在平面布置图的基础上修改即可。

（1）单击快速访问工具栏中的【打开】命令按钮 📂，弹出【选择文件】对话框。在【查找范围】下拉列表框中选择平面布置图所在的路径，在【名称】列表框中选择"住宅楼平面布置图.dwg"，单击【打开】按钮，打开文件。

（2）单击界面左上角的【应用程序】按钮 🅰，选择【另存为】下拉按钮 💾 另存为，弹出【图形另存为】对话框。在【保存于】下拉列表框中选择正确的路径，在【文件名】文本框中输入文件名称"住宅楼地面材料图"，单击【保存】按钮保存文件。

（3）固定于地面的设备和设施所在的地方不需要铺设地面材料，而床、沙发等家具和陈设所在的地方需要铺设地面材料，因此删除床、沙发、家具、陈设和内门等，再将房间功能标注移动到适当的位置，结果如图9-2所示。

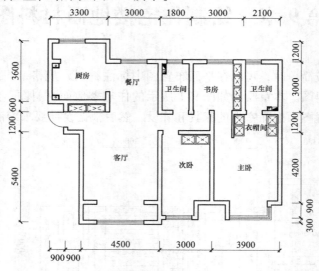

图9-2　删除家具、陈设和内门

9.2　绘制分隔线并标注大部分空间材料名称

（1）将"细实线"图层设置为当前图层。

（2）绘制分隔线。运用直线命令在图9-3所示的AB、CD、EF、GH、IJ、KL、MN和OP的位置绘制分隔线，绘制结果如图9-3所示。

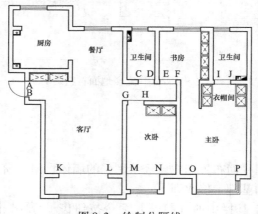

图9-3　绘制分隔线

（3）标注主要空间的材料名称。

1）选择菜单【绘图】|【文字】|【单行文字】，命令行提示如下：

命令：_text

当前文字样式："汉字"文字高度:300　注释性:否　对正:正中

指定文字的中间点 或 ［对正(J)/样式(S)］：　　//在"厨房"两字下面适当位置单击

指定高度 ＜300＞：150　　　　　　　　　　　//输入文字高度250

指定文字的旋转角度 ＜0＞：　　　　　　　　//按 Enter 键，取默认的旋转角度0

　　此时，绘图区将进入文字编辑状态，输入文字"800×800地砖"，然后在"主卧"两字下面的适当位置单击，输入文字"12实木地板"，在"卫生间"三字下面的适当位置单击，输入文字"300×300地砖"，按 Enter 键换行，再一次按 Enter 键结束命令即可。结果如图9-4所示。

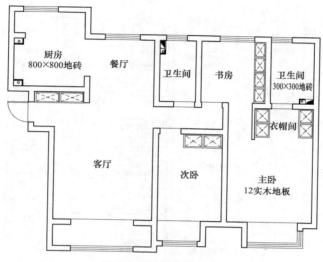

图9-4　绘制单行文字

　　2）复制前面标注的材料名称并移动到相应的标注文字下，结果如图9-5所示。

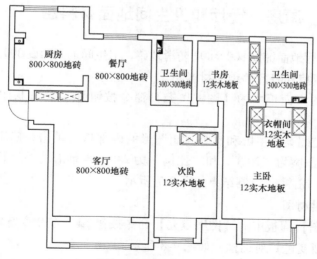

图9-5　复制单行文字

9.3　绘制卧室地材图

　　卧室的地面铺设12厚实木地板。

（1）单击【绘图】面板中的【图案填充】命令按钮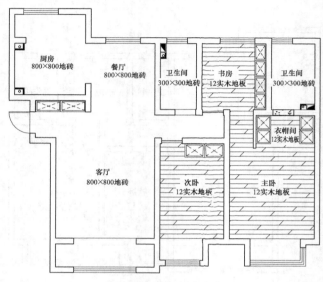，则面板组变为【图案填充创建】面板。

（2）在将要填充图案的主卧和次卧封闭图形的内部依次单击，确定填充范围。然后在【图案】面板中设置图案为"DOLMIT"和"比例"为30，再单击【关闭】面板中的【关闭图案填充创建】命令按钮，绘制结果如图9-6所示。

图9-6　填充实木地板效果

9.4　绘制客厅、厨房、餐厅和卫生间地面材料图

客厅、厨房和餐厅地面铺设800×800防滑地砖，卫生间地面铺设300×300地砖。

1. 绘制客厅、厨房和餐厅的地面材料图

（1）单击【绘图】面板中的【图案填充】命令按钮，则面板组变为【图案填充创建】面板。

（2）在将要填充图案的主卧和次卧封闭图形的内部依次单击，确定填充范围。然后在【图案】面板中设置图案为"NET"和"比例"为240，再单击【关闭】面板中的【关闭图案填充创建】命令按钮，绘制结果如图9-7所示。

2. 绘制卫生间地材图

（1）单击【绘图】面板中的【图案填充】命令按钮，在命令行输入t并按Enter键，弹出【图案填充和渐变色】对话框，如图9-8所示。

（2）在【类型和图案】选项区域中，单击【类型】下拉列表框右侧的▼符号，选择【用户定义】选项。

（3）选中【角度和比例】选项区域中的【双向】复选框，设置【间距】文本框为300。

（4）在【图案填充原点】选项区域中，选择【右上】为默认边界范围。

（5）单击【边界】选项区域的【拾取点】按钮，进入绘图区域，在将要填充图案的

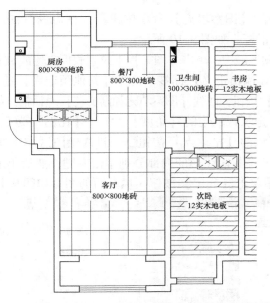

图 9-7　客厅、厨房和餐厅的地面材料图

两个卫生间封闭图形的内部单击左键，单击右键后在弹出的【图案填充和渐变色】对话框中单击【确定】按钮。填充后的图形如图 9-9 所示。

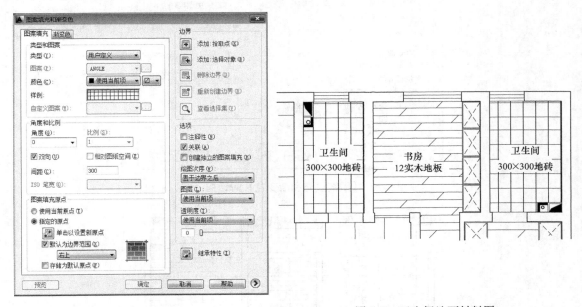

图 9-8　【图案填充和渐变色】对话框（一）

图 9-9　卫生间地面材料图

9.5　绘制门洞和阳台地面材料图并标注文字说明

1. 绘制阳台和门洞地面材料图

两个卫生间的门洞和阳台采用天然大理石地面。绘制方法如下：

（1）单击【绘图】面板中的【图案填充】命令按钮，在命令行输入 t 并按 Enter 键，弹出【图案填充和渐变色】对话框，如图 9-10 所示。

（2）在【类型和图案】选项区域中，单击【图案】下拉列表框右侧的按钮，弹出【填充图案选项板】对话框。单击【其他预定义】标签，选择【其他预定义】选项卡，选择"AR-SAND"填充类型。单击【确定】按钮，回到【图案填充和渐变色】对话框，如图 9-10 所示。

（3）设置【角度和比例】选项区域中的【角度】为 0°，【比例】为 5。

（4）单击【边界】选项区域的【拾取点】按钮，进入绘图区域，在将要填充图案的两个卫生间门洞和三个阳台的五个封闭图形的内部分别单击左键，然后单击右键，在弹出的【图案填充和渐变色】对话框中单击【确定】按钮。填充后的图形如图 9-11 所示。

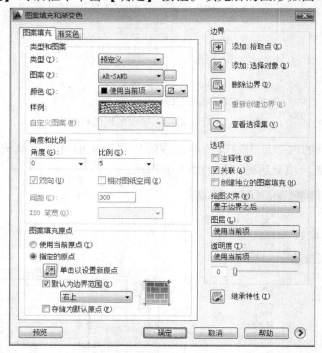

图 9-10 【图案填充和渐变色】对话框（二）

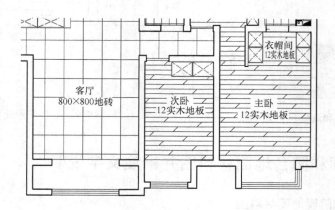

图 9-11 门洞和阳台地面材料图

2. 标注文字说明

（1）运用直线命令、圆命令、填充命令绘制文字说明索引符号，如图 9-12 所示。

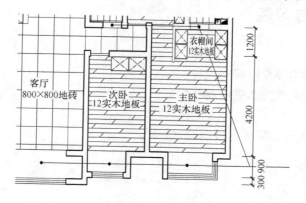

图 9-12　文字说明索引符号

（2）选择菜单【绘图】|【文字】|【单行文字】，命令行提示如下：

命令：_text

当前文字样式："汉字"　文字高度：150　注释性：否　对正：正中

指定文字的中间点 或［对正（J）/样式（S）］：j　//输入 J 并按 Enter 键，修改对正

输入选项［左（L）/居中（C）/右（R）/对齐（A）/中间（M）/布满（F）/左上（TL）/中上（TC）/右上（TR）/左中（ML）/正中（MC）/右中（MR）/左下（BL）/中下（BC）/右下（BR）］：l

　　　　　　　　//输入 L 并按 Enter 键，修改对正为左

指定文字的起点：　　　　　　　　//在索引符号右侧单击

指定高度 ＜150＞：250　　　　　//输入文字高度 250

指定文字的旋转角度 ＜0＞：　　　//按 Enter 键，取默认的旋转角度 0

此时，绘图区将进入文字编辑状态，输入文字"天然大理石"，按 Enter 键换行，再一次按 Enter 键结束命令即可。结果如图 9-13 所示。

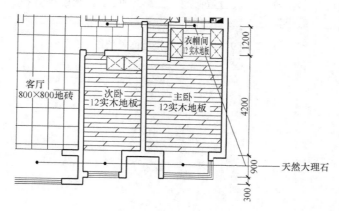

图 9-13　标注说明文字

3. 保存文件

至此，绘制完成了如图 9-1 所示的地面材料图，单击快速访问工具栏中的【保存】命

令按钮 🖫，保存文件。

9.6 思考题与练习题

1. 思考题

（1）地面材料图主要反映哪些内容？

（2）地面材料图的绘图步骤有哪些？

2. 绘图题

绘制如图 9-14 所示的某住宅楼地面材料图。

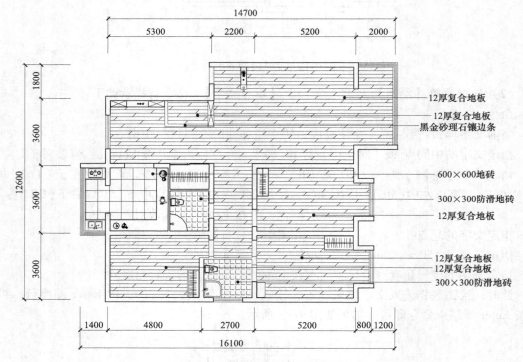

图 9-14　某住宅楼地面材料图

第 10 章 绘制住宅楼顶棚布置图

顶棚布置图用于表达室内顶棚造型、灯具布置及相关电器布置，同时也反映了室内空间组合的标高关系和尺寸等，其主要内容包括顶棚造型绘制、灯具布置、文字尺寸标注、符号标注和标高等。本章绘制如图 10-1 所示的住宅楼顶棚布置图。

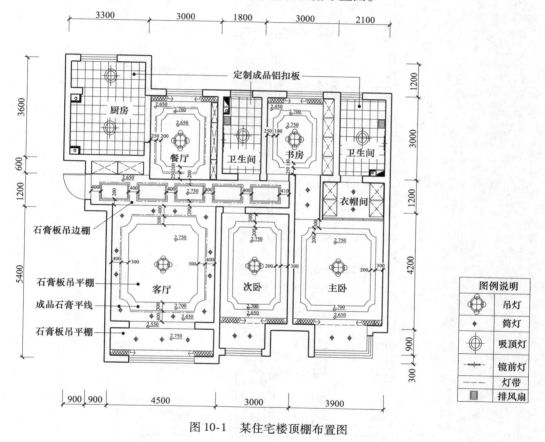

图 10-1 某住宅楼顶棚布置图

10.1 新建图形

顶棚布置图需要利用平面布置图中已经绘制好的墙体图形，还需要根据平面布置图来定位灯具等的位置，因此通常在平面布置图的基础上修改。

（1）单击快速访问工具栏中的【打开】按钮📂，弹出【选择文件】对话框。在【查找范围】下拉列表框中选择平面布置图所在的路径，在【名称】列表框中选择"住宅楼平面布置图 . dwg"，然后单击【打开】按钮，打开文件。

（2）单击界面左上角的【应用程序】按钮📐，选择【另存为】下拉按钮💾 另存为，弹出

【图形另存为】对话框。在【保存于】下拉列表框中选择正确的路径，在【文件名】文本框中输入文件名称"住宅楼顶棚布置图"，然后单击【保存】按钮保存文件。

（3）删除图中所有家具、一些设施、设备和内平开门等图形，并将房间功能标注文字适当移动位置，结果如图10-2所示。

（4）设置"细实线"图层为当前图层，调用直线命令绘制门口线，结果如图10-3所示。

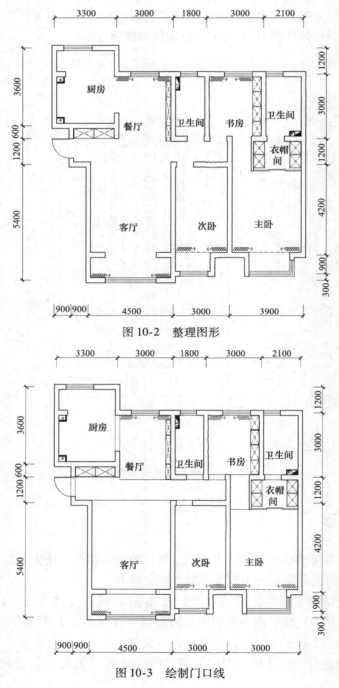

图 10-2　整理图形

图 10-3　绘制门口线

（5）在"细实线"图层用直线命令距墙 200 绘制所有窗帘的窗帘盒，再用直线命令绘制主卧室和衣帽间推拉门的门框线，门框线与推拉门的两边界线对齐，绘制完成后如图 10-4 所示。

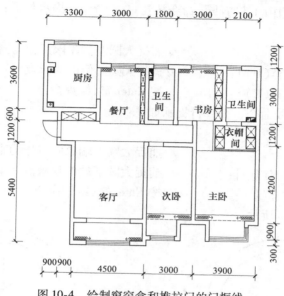

图 10-4　绘制窗帘盒和推拉门的门框线

10.2　绘制图例说明表

由于灯具和一些设施没有统一的表示方法，因此绘制顶棚布置图前应先绘制图例说明。本节所用到的图例有：吊灯、筒灯、吸顶灯、镜前灯、灯带和排风扇等。下面以图 10-5 所示的吊灯为例介绍灯具的绘制方法。

步骤：

1. 绘制同心圆

单击【绘图】面板中的【圆】命令按钮 ⊙ ，命令行提示如下：

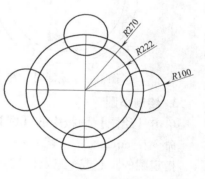

图 10-5　吊灯

命令：_circle

指定圆的圆心或［三点(3P)/两点(2P)/切点、切点、半径(T)］：

　　　　　　　　　　　　　　　　　　　　　　//在绘图区内适当位置单击左键作为圆的圆心

指定圆的半径或［直径(D)］：270　　　　　　　//输入半径 270 并按 Enter 键

直接按 Enter 键，输入上一次圆命令，命令行提示如下：

命令：CIRCLE

指定圆的圆心或［三点(3P)/两点(2P)/切点、切点、半径(T)］：

　　　　　　　　　　　　　　　　　　　　　　//捕捉刚绘制圆的圆心作为圆心

指定圆的半径或［直径(D)］＜270＞：222　　　//输入半径 222 并按 Enter 键

绘制结果如图 10-6 所示。

2. 绘制直线

单击【绘图】面板中的【直线】命令按钮 ，命令行提示如下：

命令：_line

指定第一点：   //捕捉大圆左侧象限点作为直线的第一点

指定下一点或［放弃(U)］：   //捕捉大圆右侧的象限点

指定下一点或［放弃(U)］：   //按 Enter 键,结束命令

按 Enter 键重复直线命令，命令行提示如下：

命令： LINE

指定第一个点：   //捕捉大圆上端象限点作为直线的第一点

指定下一点或［放弃(U)］：   //捕捉大圆下端的象限点

指定下一点或［放弃(U)］：   //按 Enter 键,结束命令

绘制结果如图 10-7 所示。

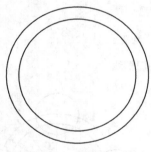 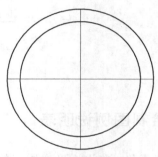

图 10-6 绘制同心圆   图 10-7 绘制直线

3. 绘制小圆

单击【绘图】面板中的【圆】命令按钮 ，命令行提示如下：

命令：_circle

指定圆的圆心或［三点(3P)/两点(2P)/切点、切点、半径(T)］：

                  //捕捉大圆上端象限点作为圆心

指定圆的半径或［直径(D)］:100   //输入半径 100 并按 Enter 键

绘制结果如图 10-8 所示。

4. 阵列小圆

单击【修改】面板中【阵列】命令按钮右侧的下三角号▼，然后在弹出的命令列表（图 10-9）中单击【环形阵列】命令按钮 ，命令行提示如下：

命令：_arraypolar

选择对象：找到 1 个   //选择刚才绘制的半径为 100 的
            小圆

选择对象：   //按 Enter 键或按空格键结束
            选择

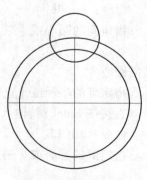

图 10-8 绘制小圆

类型 = 极轴   关联 = 是

指定阵列的中心点或［基点（B）/旋转轴（A）］：　　　　//捕捉大圆的圆心作为阵列中心

选择夹点以编辑阵列或［关联（AS）/基点（B）/项目（I）/项目间角度（A）/填充角度（F）/行（ROW）/层（L）/旋转项目（ROT）/退出（X）］＜退出＞：i　　//输入 I 按 Enter 键

输入阵列中的项目数或［表达式（E）］＜6＞：4　　　　//输入 4 按 Enter 键

选择夹点以编辑阵列或［关联（AS）/基点（B）/项目（I）/项目间角度（A）/填充角度（F）/行（ROW）/层（L）/旋转项目（ROT）/退出（X）］＜退出＞://按 Enter 键结束阵列命令

绘制结果如图 10-10 所示。

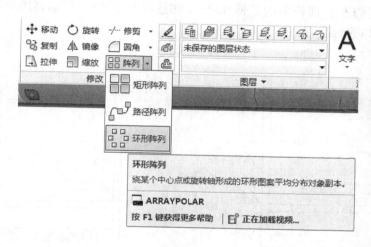

图 10-9　【阵列】命令按钮

采用同样的方法，可以运用各种绘图命令和修改命令绘制其他的图例并绘制表格。图中筒灯两个同心圆的直径分别为 48 和 60；吸顶灯的两个同心圆与吊灯相同。镜前灯的矩形长为 500、宽为 40；排风扇外围是两个边长分别为 300 和 270 的矩形，里面是间距为 40 的 5 条水平线。绘制方法在此不赘述。图例说明表如图 10-11 所示。

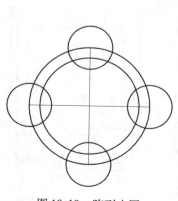

图 10-10　阵列小圆

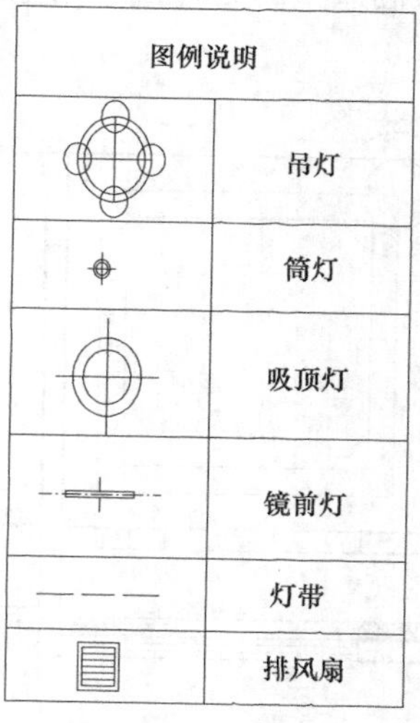

图例说明	
	吊灯
	筒灯
	吸顶灯
	镜前灯
	灯带
	排风扇

图 10-11　图例说明表

10.3 绘制客厅顶棚布置图

1. 绘制客厅顶棚造型

（1）利用【修改】面板中的偏移命令🔲，设置偏移距离为400，将客厅内的四条包围线向内偏移，按 Enter 键结束偏移命令。再利用偏移命令将前面偏移出的四条直线再向内偏移300。绘制结果如图 10-12 所示。

（2）利用【修改】面板中的延伸命令┉/和修剪命令╱，对偏移出的直线进行修改，修改到如图 10-13 所示的状态。

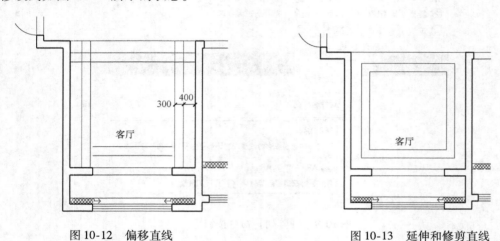

图 10-12　偏移直线　　　　　　　　　图 10-13　延伸和修剪直线

（3）利用【绘图】面板中的圆命令⊘，以顶棚造型的左上角点为圆心绘制半径分别为400 和 700 的两个同心圆，结果如图 10-14 所示。

（4）利用【修改】面板中的复制命令🔾，以顶棚造型的左上角点为基点，将两个同心圆复制到顶棚造型的另外四个角上，结果如图 10-15 所示。

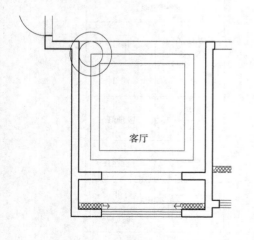
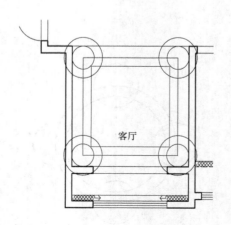

图 10-14　绘制两个同心圆　　　　　　　　图 10-15　复制圆

（5）利用【修改】面板中的修剪命令 ⊶，对客厅顶棚造型进行修改，修改到如图 10-16 所示的状态。

（6）选择构成客厅顶棚造型的所有线条，然后在【图层】工具条中选择"粗实线"图层，再按 Esc 键，取消选择。将顶棚造型放入"粗实线"图层。

2. 布置客厅灯具

（1）利用【修改】面板中的偏移命令 ⊿，将构成客厅顶棚造型的外面四条直线向外偏移 50，然后选择四条偏移出来的直线，在【特性】面板中选择点画线线型"CENTER2"，再按 Esc 键，取消选择。这样就完成了灯带的绘制，如图 10-17 所示。

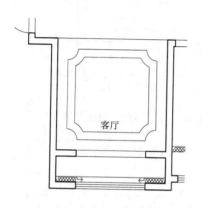

图 10-16　修剪圆和直线

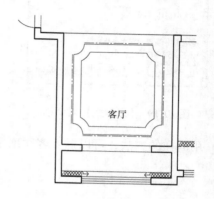

图 10-17　绘制灯带

（2）插入客厅吊灯。选择灯具图例表中的吊灯图例，选择菜单【编辑】｜【带基点复制】，指定吊灯的正中间点为基点，则吊灯的所有对象被复制到剪贴板上。

然后选择菜单【编辑】｜【粘贴】，利用极轴追踪将吊灯复制到客厅的正中间。结果如图 10-18 所示。

（3）插入客厅阳台筒灯。

1）将客厅阳台的窗帘盒内边线向上偏移 380，复制一条辅助线，然后选择菜单【绘图】｜【点】｜【定数等分】，命令行提示如下：

命令：_divide

选择要定数等分的对象：

//选择辅助线

输入线段数目或［块（B）］：4

//输入线段数目4,插入3个点

2）选择菜单【格式】｜【点样式】，弹出【点样式】对话框，如图 10-19 所示。选

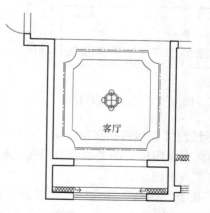

图 10-18　插入吊灯

择第一行第四列的点样式，然后单击【确定】按钮。阳台上的点显示如图 10-20 所示。

3）设置"端点""中点""节点""圆心"捕捉方式。选择灯具图例表中的筒灯图例，中心为基点，复制到客厅阳台顶棚的相应节点位置，然后删除辅助线和辅助节点。结果如

10-21 所示。

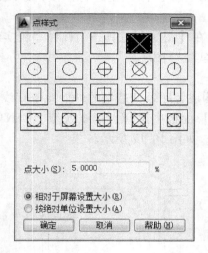

图 10-19　【点样式】对话框

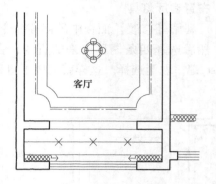

图 10-20　客厅阳台辅助线及节点

（4）用同样的方法，可以插入客厅顶棚的其他筒灯，如图 10-22 所示。

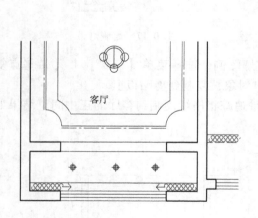

图 10-21　插入阳台筒灯

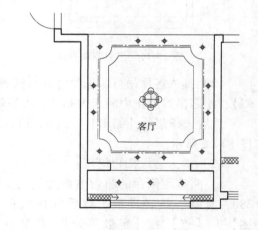

图 10-22　插入客厅筒灯

3. 标注尺寸、标高和文字说明

在顶棚布置图中，需要说明各顶棚规格尺寸、材料名称、顶棚做法，并注明顶棚标高，以方便施工人员施工。

（1）基于"建筑"标注样式，新建"副本 建筑"标注样式，将【调整】选项卡中的"使用全局比例"设置为 30，并将该样式设置为当前标注样式。

（2）设置"尺寸标注"图层为当前图层，运用线性标注命令、连续标注命令等标注尺寸，结果如图 10-23 所示。

（3）标高和材料标注的绘制方法在前面章节中已经讲过，这里不再赘述。绘制结果如图 10-24 所示。

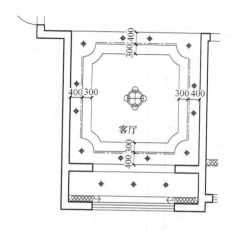

图 10-23　标注客厅顶棚布置图尺寸

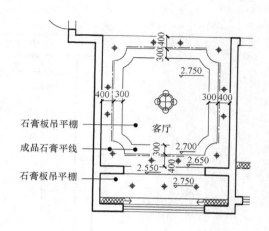

图 10-24　标注客厅顶棚布置图标高和材料做法

10.4　绘制卧室、餐厅和书房的顶棚布置图

卧室、餐厅和书房的顶棚布置图的绘制方法与客厅顶棚布置图的绘制方法相同，只是尺寸不同。卧室的顶棚布置图如图 10-25 所示，餐厅的顶棚布置图如图 10-26 所示，书房的顶棚布置图如图 10-27 所示。材料和做法的标注待全图完成后再统一标注。

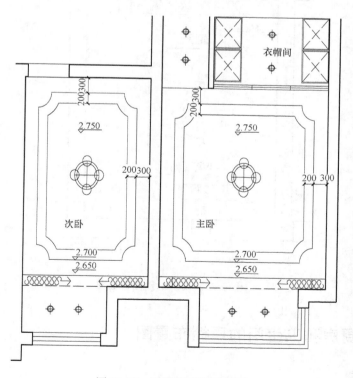

图 10-25　卧室的顶棚布置图

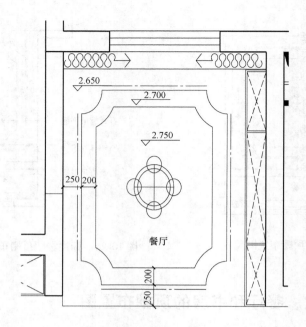

图 10-26　餐厅的顶棚布置图

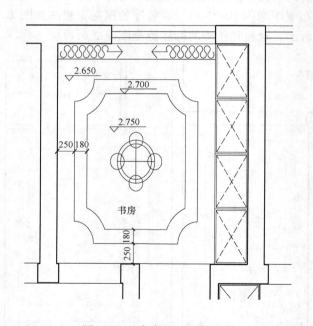

图 10-27　书房的顶棚布置图

10.5　绘制厨房和卫生间的顶棚布置图

1. 填充图案

（1）设置"细实线"图层为当前图层。

（2）单击【绘图】面板中的【图案填充】命令按钮，则菜单栏下面板变为【图案填充创建】面板，如图 10-28 所示。

图 10-28　【图案填充创建】面板

（3）分别在厨房和卫生间的封闭空间内单击，确定填充范围，然后在【图案】面板中设置图案为"NET"，在【特性】面板中设置比例为 100，最后单击【关闭】面板中的【关闭图案填充创建】命令按钮，绘制结果如图 10-29 所示。

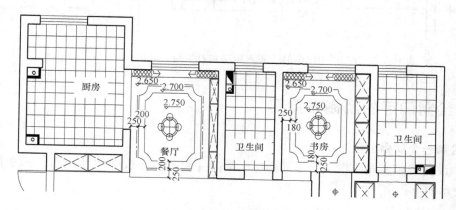

图 10-29　图案填充结果

2. 布置厨房和卫生间排风扇和灯具

（1）布置排风扇。将图例说明的排风扇复制到两个卫生间的合适位置，绘制结果如图 10-30 所示。

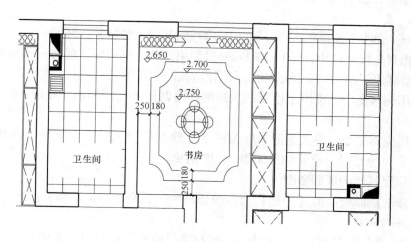

图 10-30　布置排风扇

（2）布置灯具。用与布置客厅灯具相同的方法布置吸顶灯，并将镜前灯布置到两个卫生间的合适位置，绘制结果如图 10-31 所示。

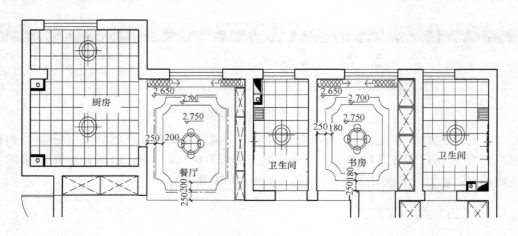

图 10-31 布置厨房和卫生间的灯具

10.6 绘制门厅的顶棚布置图

1. 绘制一个顶棚造型

（1）设置"粗实线"图层为当前图层。单击【绘图】面板中的【矩形】命令按钮▭，命令行提示如下：

令：_rectang

指定第一个角点或［倒角（C）/标高（E）/圆角（F）/厚度（T）/宽度（W）］：_from 基点：

＜打开对象捕捉＞：@400，200

//按住 Shift 键，单击右键，在弹出的对话框中单击"自"，捕捉图 10-32 中进户门右下方的墙角 A 单击，然后打开对象捕捉，再输入相对坐标@400，200，按 Enter 键确定矩形的第一个角点。

指定另一个角点或［面积（A）/尺寸（D）/旋转（R）］：@1150，560

//输入相对坐标@1150，560，按 Enter 键结束命令，确定矩形的另一个角点

这样就绘制出了图 10-32 所示的门厅顶棚造型的大矩形。

（2）利用偏移命令，将刚才绘制的大矩形向内偏移 40，绘制出小矩形，结果如图 10-32 所示。

（3）利用偏移命令，将大矩形向外偏移 50，绘制出更大的一个矩形，并将其线型改为"CENTER2"，作为灯带，绘制结果如图 10-33 所示。

2. 阵列门厅其他的顶棚造型

单击【修改】面板中的【阵列】命令按钮▦ 阵列·，命令行提示如下：

命令：_arrayrect

选择对象：指定对角点：找到 3 个　　　　　//选择前面绘制的门厅造型

选择对象：　　　　　　　　　　　　　　　//按 Enter 键结束选择

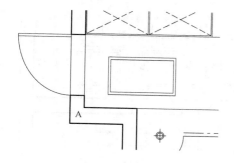

图 10-32　绘制两个矩形

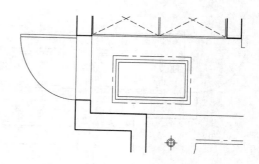

图 10-33　绘制灯带

类型 = 矩形　关联 = 是

选择夹点以编辑阵列或［关联（AS）/基点（B）/计数（COU）/间距（S）/列数（COL）/行数（R）/层数（L）/退出（X）］＜退出＞：B　　//输入 B 按 Enter 键

指定基点或［关键点（K）］＜质心＞：　　//指定造型中间那个矩形的左下角为基点

选择夹点以编辑阵列或［关联（AS）/基点（B）/计数（COU）/间距（S）/列数（COL）/行数（R）/层数（L）/退出（X）］＜退出＞：COU　　//输入 COU 按 Enter 键

输入列数数或［表达式（E）］＜4＞：5　　//输入列数 5 按 Enter 键

输入行数数或［表达式（E）］＜3＞：1　　//输入行数 1 按 Enter 键

选择夹点以编辑阵列或［关联（AS）/基点（B）/计数（COU）/间距（S）/列数（COL）/行数（R）/层数（L）/退出（X）］＜退出＞：S　　//输入 S 按 Enter 键

指定列之间的距离或［单位单元（U）］＜1875＞：1550　　//输入 1550 按 Enter 键，设置列距

指定行之间的距离　＜990＞：　　　　//按 Enter 键默认

选择夹点以编辑阵列或［关联（AS）/基点（B）/计数（COU）/间距（S）/列数（COL）/行数（R）/层数（L）/退出（X）］＜退出＞：　　　　//按 Enter 键结束命令

绘制结果如图 10-34 所示。

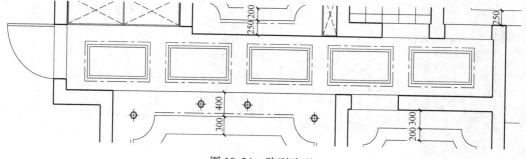

图 10-34　阵列造型

3. 标注尺寸、标高和文字说明

（1）与前述客厅顶棚布置图的标注方法相同，标注门厅的尺寸和标高。标注完成后如图 10-35 所示。

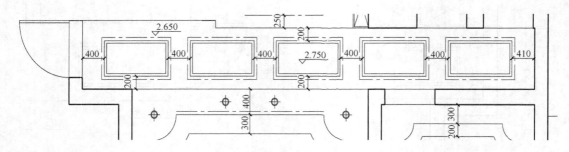

图 10-35　标注尺寸和标高

（2）标注材料和做法的文字说明。按与地面材料图相同的标注方法标注所有的材料和相应做法，完成住宅楼顶棚布置图的绘制。标注结果如图 10-36 所示。

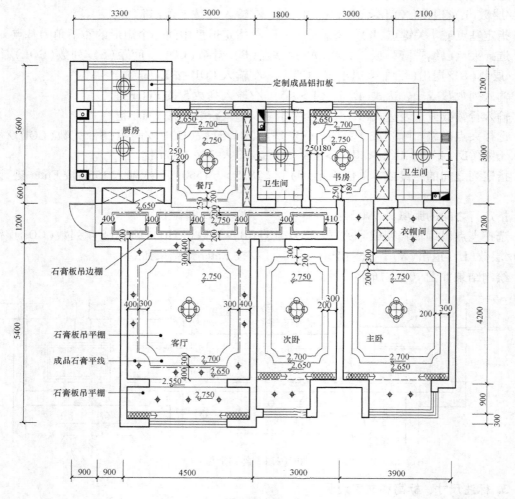

图 10-36　标注材料和做法的文字说明

10.7 思考题与练习题

1. 思考题

（1）顶棚平面图主要反映哪些内容？

（2）顶棚平面图对线型有何要求？

（3）顶棚平面图中哪些位置应标注标高？

2. 绘图题

绘制如图 10-37 所示的某住宅楼顶棚布置图。

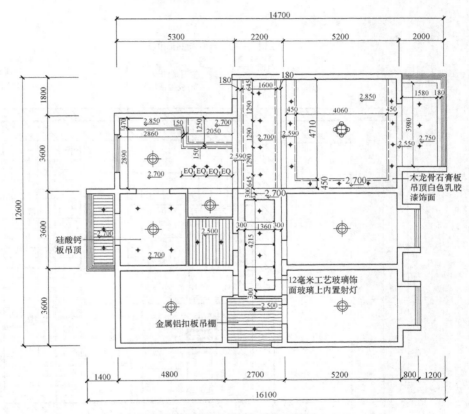

图 10-37　某住宅楼顶棚布置图

第11章　绘制卫生间侧墙立面图

建筑装饰立面图体现室内各竖直空间的形状、装修做法及各种家具、陈设的位置及尺寸等。绘制立面图时，可以运用相应的绘图命令和修改命令直接绘制，也可以在平面布置图的基础上，根据投影法进行绘制。本章将绘制如图11-1所示的卫生间侧墙立面图。

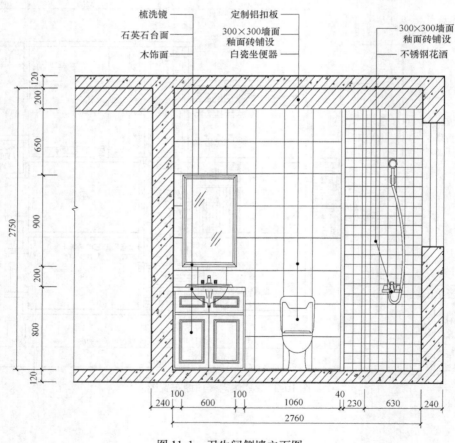

图 11-1　卫生间侧墙立面图

11.1　新建图形

立面图可以在平面布置图的基础上，运用投影法绘制轮廓线。具体操作方法如下：
（1）单击快速访问工具栏中的【打开】命令按钮，弹出【选择文件】对话框。在

【查找范围】下拉列表框中选择平面布置图所在的路径，在【名称】列表框中选择"住宅楼平面布置图.dwg"，单击【打开】按钮，打开文件。

（2）单击界面左上角的【应用程序】按钮 ▲▪，选择【另存为】下拉按钮 💾 另存为，弹出【图形另存为】对话框。在【保存于】下拉列表框中选择正确的路径，在【文件名】文本框中输入文件名称"卫生间侧墙立面图"，单击【保存】按钮保存文件。

（3）运用删除命令删除卫生间侧墙之外的图形，只保留卫生间侧墙和相应卫具作为绘制立面图的辅助图形，如图 11-2 所示。

（4）运用旋转命令将侧墙平面图旋转 270°，绘制结果如图 11-3 所示。

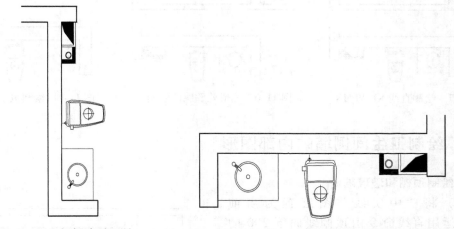

图 11-2　卫生间侧墙平面图　　　　图 11-3　将卫生间侧墙平面图旋转 270°

11.2　绘制卫生间立面轮廓

（1）将"粗实线"图层置为当前图层，运用直线命令，打开正交、极轴追踪和对象捕捉，由图 11-4 中的 A 点向上追踪一定距离确定直线起点 C，再水平向右由 B 点和 C 点的交点确定出直线的下一点 D。按 Enter 键结束命令。然后运用直线命令，分别由 G 点（E 点和 C 点的交点）、C 点、D 点、I 点（C 点和 F 点的交点）竖直向上画长度为 2750 的四条直线。再运用直线命令画出上面的水平直线。绘制结果如图 11-4 所示。

（2）利用直线命令，由 J 点竖直向上追踪 120 确定直线的起点 K，向左画一定长度确定下一点 L，按 Enter 键结束命令。同样画出直线 MN。绘制结果如图 11-5 所示。

（3）利用直线命令、延伸命令和修剪命令继续修改和绘制其他的轮廓线及左侧的折断线，绘制结果如图 11-6 所示。

（4）利用直线命令绘制右侧墙的窗，尺寸和绘制结果如图 11-7 所示。

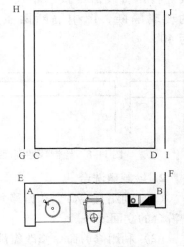

图 11-4　绘制六条轮廓线

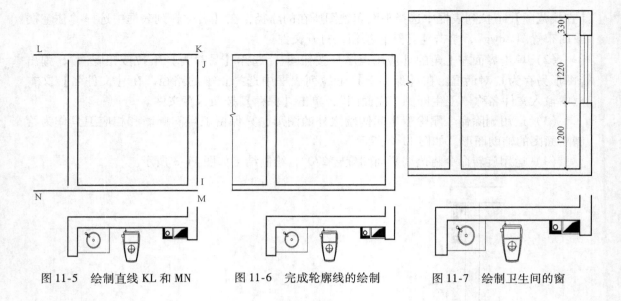

图 11-5　绘制直线 KL 和 MN　　　图 11-6　完成轮廓线的绘制　　　图 11-7　绘制卫生间的窗

11.3　绘制卫生间侧墙的内部图形

1. 绘制顶棚和玻璃隔断

（1）将"中实线"图层置为当前图层，运用直线命令由顶棚线向下 200 的距离绘制两条直线作为顶棚，如图 11-8 所示。

（2）利用直线命令，由图 11-9 中的 O 点向上追踪交点确定起点 P，竖直向上追踪到与顶棚的交点作为下一点绘制竖直线。再用直线命令按图中尺寸绘制沐浴区的玻璃隔断，图中隔断两条边线的距离为 40。

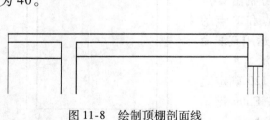

图 11-8　绘制顶棚剖面线　　　　　　图 11-9　绘制分界线和玻璃隔断

2. 绘制盥洗台

（1）利用直线命令和偏移命令，在卫生间立面的左下角，按图 11-10 所示的尺寸绘制盥洗台的立面线条。

（2）利用修剪命令修改盥洗台的立面线条，绘制结果如图 11-11 所示。

（3）单击【绘图】面板中的【矩形】命令按钮 ，命令行提示如下：

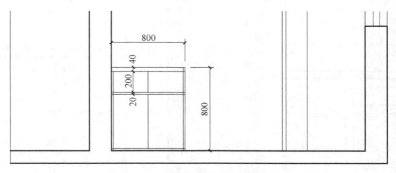

图 11-10　绘制盥洗台的立面线条

命令：_rectang

指定第一个角点或［倒角（C）/标高（E）/圆角（F）/厚度（T）/宽度（W）］：<打开对象捕捉> _from 基点：<偏移>：@50,50

//打开对象捕捉，按住 Shift 键，单击右键，然后单击"自"命令，捕捉图 11-11 中的 Q 点，然后输入@50，50 后按 Enter 键，确定矩形的第一个角点

指定另一个角点或［面积（A）/尺寸（D）/旋转（R）］：@280，420

//输入@280，420 后按 Enter 键，以相对坐标确定矩形的另一个角点

这样就可绘制出盥洗台门造型的一个矩形，如图 11-12 所示。

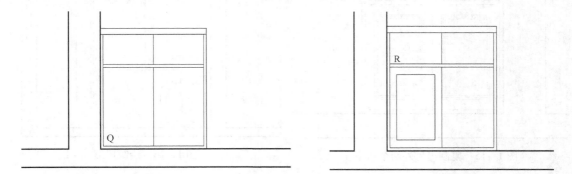

图 11-11　修剪盥洗台的立面线条　　　　图 11-12　绘制盥洗台门造型的一个矩形

（4）同理，利用矩形命令，在距图 11-12 中 R 点相对位置为@50，50 的位置绘制一个 280×280 的矩形，绘制结果如图 11-13 所示。

（5）利用偏移命令，设置偏移距离为 10，将前面绘制的两个矩形分别向内偏移复制出两个小矩形，再将小矩形向内偏移复制出更小的两个矩形。绘制结果如图 11-14 所示。

（6）利用复制命令，选择前面绘制的两个造型，以任意点为基点，水平向右 380 复制出另外两个造型，绘制结果如图 11-15 所示。

3. 绘制梳洗镜

（1）利用矩形或直线命令按图 11-16 所示的位置和尺寸绘制一个矩形。

（2）利用偏移命令，设置偏移距离为 20，偏移复制出梳洗镜内侧的两个小矩形，再用直线命令按图连接矩形的角点，绘制结果图 11-17 所示。

（3）利用直线命令，在梳洗镜里面画几条直线，绘制结果如图 11-18 所示。

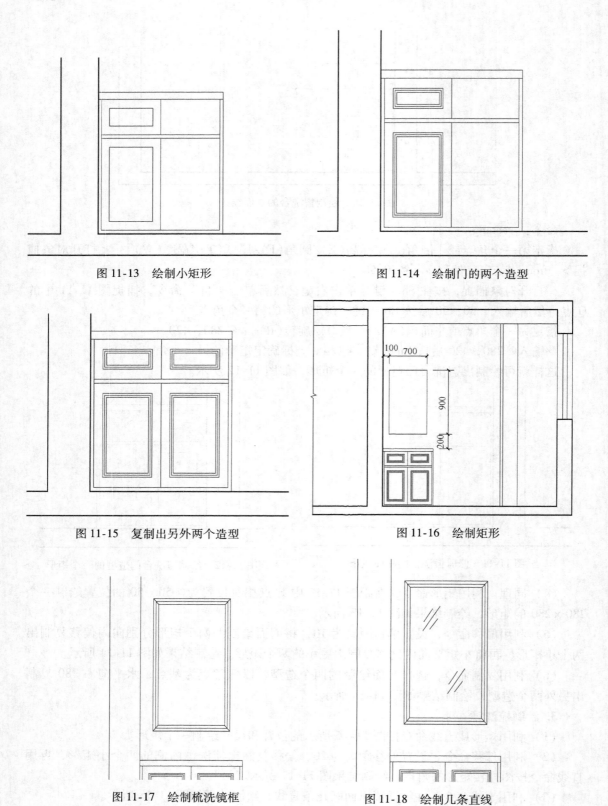

图 11-13　绘制小矩形

图 11-14　绘制门的两个造型

图 11-15　复制出另外两个造型

图 11-16　绘制矩形

图 11-17　绘制梳洗镜框

图 11-18　绘制几条直线

11.4 插入图块和图案填充

1. 插入图块

（1）单击快速访问工具栏中的【打开】命令按钮 ，弹出【选择文件】对话框。在【查找范围】下拉列表框中选择"洗面盆、坐便器、花洒立面.dwg"所在的路径，在【名称】列表框中选择"洗面盆、坐便器、花洒立面.dwg"，然后单击【打开】按钮，打开文件。

（2）单击【剪贴板】面板中的【复制】命令按钮 ，输入 all 后按 Enter 键，将所有图形对象复制到剪贴板上。

（3）单击【文件】选项卡中的"卫生间侧墙立面图"，将窗口切换到"卫生间侧墙立面图.dwg"。单击【剪贴板】面板中的【粘贴】命令按钮 ，在屏幕上适当位置单击指定的插入点，将洗面盆、坐便器和花洒的立面图复制到卫生间侧墙立面图中，如图 11-19 所示。

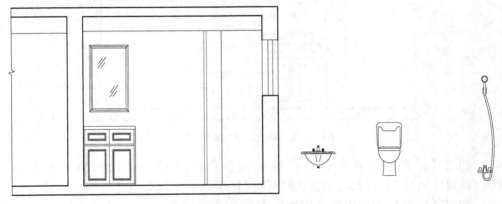

图 11-19 插入洗面盆、坐便器和花洒的立面图

（4）利用移动命令将洗面盆、坐便器和花洒移动到适当的位置，绘制结果如图 11-20 所示。

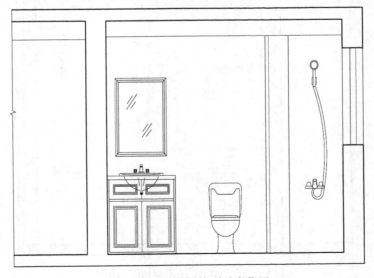

图 11-20 移动图块到适当位置

2. 图案填充

（1）将"细实线"图层设置为当前图层。利用【绘图】面板中的【图案填充】命令按钮 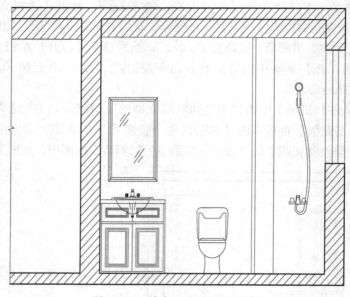，按前面章节相同的方法，设置填充图案为"ANSI31"，设置比例为20，填充墙、楼板和顶棚到如图11-21所示的状态。

图 11-21　填充"ANSI31"图案

（2）利用【绘图】面板中的【图案填充】命令按钮 🔲，设置填充图案为"AR-CONC"，设置比例为1，填充墙和楼板到如图11-22所示的状态。

（3）利用【绘图】面板中的【图案填充】命令按钮 🔲，设置填充图案为"NET"，设

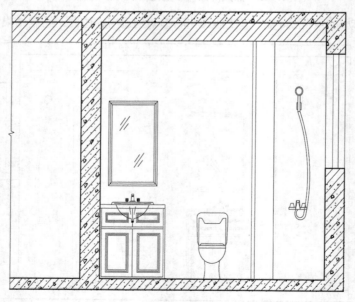

图 11-22　填充"AR-CONC"图案

置比例为 100，填充墙面如图 11-23 所示的状态。

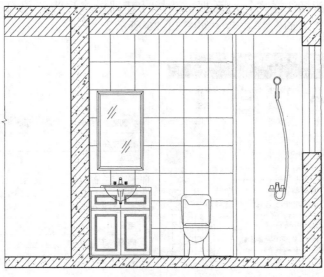

图 11-23　第一次填充"NET"图案

（4）利用【绘图】面板中的【图案填充】命令按钮 ▨，设置填充图案为"NET"，设置比例为 30，填充沐浴间墙面到如图 11-24 所示的状态。

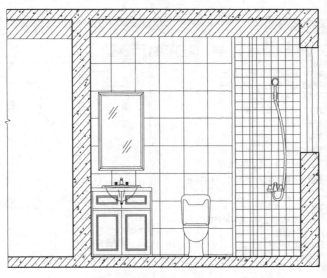

图 11-24　第二次填充"NET"图案

11.5　标注尺寸和材料说明

1. 设置"立面"标注样式

（1）单击【注释】面板中 注释 ▼，打开如图 11-25 所示的【注释】面板下拉列表。

（2）单击【标注样式】命令按钮，弹出【标注样式管理器】对话框。单击【新建】按钮，弹出【创建新标注样式】对话框，选择【基础样式】为"建筑"，然后在【新样式名】文本框中输入"立面"样式名，如图 11-26 所示。

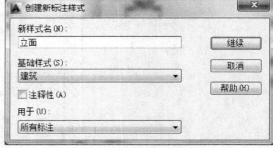

图 11-25 【注释】面板下拉列表　　　　　　　图 11-26 【创建新标注样式】对话框

（3）单击【继续】按钮，将弹出【新建标注样式：立面】对话框。单击【调整】选项卡，在【标注特性比例】选项区域中，将"使用全局比例"设置为20，如图 11-27 所示。

图 11-27 【新建标注样式：立面】对话框

（4）单击【确定】按钮，回到【标注样式管理器】对话框。单击【置为当前】按钮，将"立面"标注样式置为当前图层，然后单击【关闭】按钮。

2. 标注尺寸和材料说明

（1）将"尺寸标注"图层设置为当前图层，按与前述章节相同的方法，分别在水平方向和垂直方向进行尺寸标注。标注结果如图 11-28 所示。

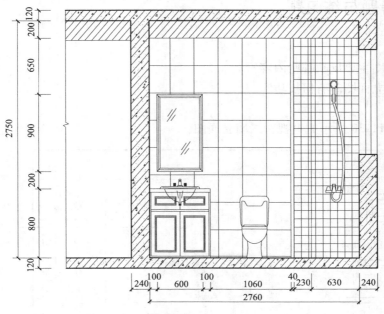

图 11-28　标注尺寸

（2）运用文字命令、直线命令、圆命令和图案填充命令等标注材料说明，标注结果如图 11-29 所示。

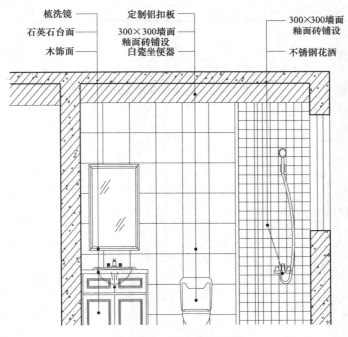

图 11-29　标注材料说明

至此已完成卫生间侧墙立面图的绘制，单击快速访问工具栏中的【保存】命令按钮 ⊟，保存文件。

11.6 思考题与练习题

1. 思考题

（1）立面图主要反映哪些内容？

（2）绘制立面图时有何技巧？

2. 绘图题

绘制如图 11-30 所示的电视背景墙立面图。

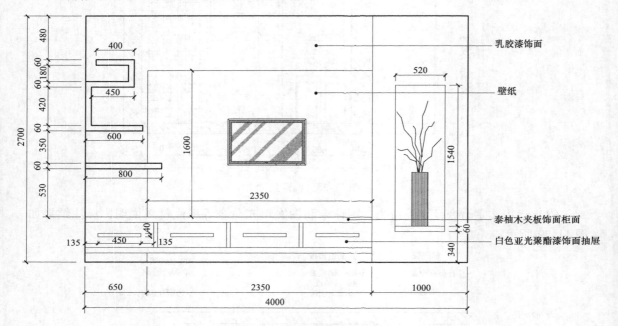

图 11-30 电视背景墙立面图

第12章 打印输出实例

打印输出与图形的绘制、修改和编辑等过程同等重要，只有将设计的成果打印输出到图纸上，才算完成了整个绘图过程。本章以打印住宅楼平面布置图为例讲解模型空间图纸的打印方法。

12.1 绘制图框线和标题栏

打开第8章保存的"住宅楼平面布置图.dwg"文件。

1. 设置图层

（1）单击【图层】面板中的【图层特性】命令按钮 ，弹出【图层特性管理器】对话框，新建"标题栏"图层，结果如图12-1所示。

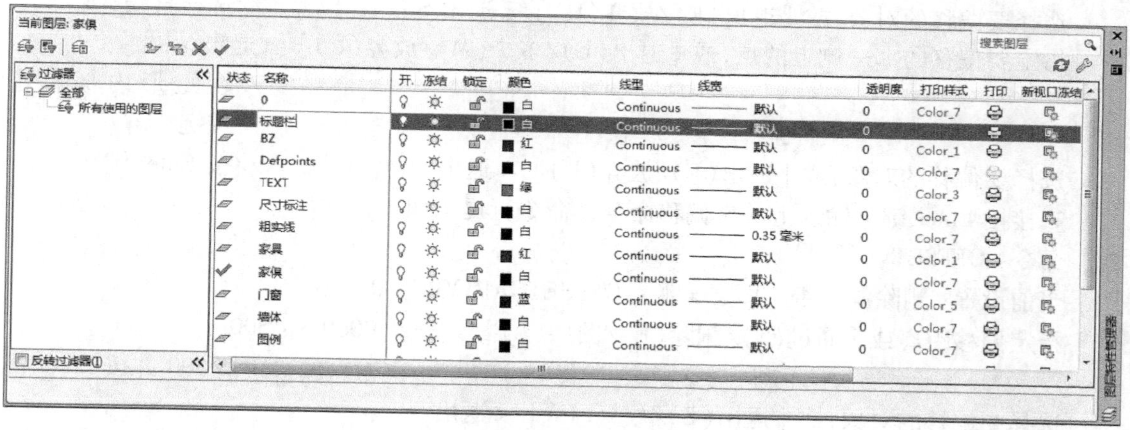

图 12-1 【图层特性管理器】对话框

（2）单击【图层特性管理器】对话框右上角的 ，关闭【图层特性管理器】对话框。

2. 绘制图框线

将"标题栏"图层置为当前图层，当前线宽设置为0.25。运用矩形命令、偏移命令、修剪命令等绘制3号图纸图幅线和图框线，如图12-2所示。操作如下：

（1）绘制图幅线。单击【绘图】面板中的【矩形】命令按钮 ，命令行提示如下：

命令：_rectang

指定第一个角点或［倒角（C）/标高（E）/圆角（F）/厚度（T）/宽度（W）］：　//在任意位置单击左键

指定另一个角点或［面积（A）/尺寸（D）/旋转（R）］：d　//输入 D 并按 Enter 键，选择"尺寸"选项

指定矩形的长度 < 10. 0000 > : 42000　　　　　　　　//输入矩形的长度 42000 并按
　　　　　　　　　　　　　　　　　　　　　　　　　　　 Enter 键
指定矩形的宽度 < 10. 0000 > : 29700　　　　　　　　//输入矩形的宽度 29700 并按
　　　　　　　　　　　　　　　　　　　　　　　　　　　 Enter 键

指定另一个角点或 [面积(A)/尺寸(D)/旋转(R)]: 　　//在合适方向单击左键
绘制结果如图 12-2a 所示。
(2) 单击【修改】面板中的【分解】命令按钮💣, 命令行提示如下:
命令: _explode
选择对象: 指定对角点: 找到 1 个　　　　　　　　　　//选择刚刚绘制的矩形
选择对象: 　　　　　　　　　　　　　　　　　　　　　//按 Enter 键, 结束命令
(3) 绘制图框线。单击【修改】面板中的【偏移】命令按钮👜, 命令行提示如下:
命令: _offset
当前设置: 删除源 = 否　　图层 = 源　　OFFSETGAPTYPE = 0
指定偏移距离或 [通过(T)/删除(E)/图层(L)] < 通过 > : 2500　 //输入偏移距离 2500
　　　　　　　　　　　　　　　　　　　　　　　　　　　　　并按 Enter 键
选择要偏移的对象, 或 [退出(E)/放弃(U)] < 退出 > : 　　　　//选择直线 AB
指定要偏移的那一侧上的点, 或 [退出(E)/多个(M)/放弃(U)] < 退出 > :
　　　　　　　　　　　　　　　　　　　　　　　　　　　//在矩形内部单击
　　　　　　　　　　　　　　　　　　　　　　　　　　　左键
选择要偏移的对象, 或 [退出(E)/放弃(U)] < 退出 > : 　　　　//按 Enter 键
直接按 Enter 键, 输入上一次偏移命令, 命令行提示如下:
命令: OFFSET
当前设置: 删除源 = 否　　图层 = 源　　OFFSETGAPTYPE = 0
指定偏移距离或 [通过(T)/删除(E)/图层(L)] < 2500. 0000 > : 500
　　　　　　　　　　　　　　　　　//输入偏移距离 500 并按 Enter 键
选择要偏移的对象, 或 [退出(E)/放弃(U)] < 退出 > :
　　　　　　　　　　　　　　　　　//选择直线 BC
指定要偏移的那一侧上的点, 或 [退出(E)/多个(M)/放弃(U)] < 退出 > :
　　　　　　　　　　　　　　　　　//在矩形内部单击左键
选择要偏移的对象, 或 [退出(E)/放弃(U)] < 退出 > :
　　　　　　　　　　　　　　　　　//选择直线 CD
指定要偏移的那一侧上的点, 或 [退出(E)/多个(M)/放弃(U)] < 退出 > :
　　　　　　　　　　　　　　　　　//在矩形内部单击左键
选择要偏移的对象, 或 [退出(E)/放弃(U)] < 退出 > :
　　　　　　　　　　　　　　　　　//选择直线 DA
指定要偏移的那一侧上的点, 或 [退出(E)/多个(M)/放弃(U)] < 退出 > :
　　　　　　　　　　　　　　　　　//在矩形内部单击左键
选择要偏移的对象, 或 [退出(E)/放弃(U)] < 退出 > :
　　　　　　　　　　　　　　　　　//按 Enter 键

绘制结果如图 12-2b 所示。

（4）单击【修改】面板中的【修剪】命令按钮 ，命令行提示如下：

命令：_trim

当前设置：投影＝UCS，边＝无

选择剪切边…

选择对象 或 ＜全部选择＞： //按 Enter 键

选择要修剪的对象，或按住 Shift 键选择要延伸的对象，或

［栏选（F）/窗交（C）/投影（P）/边（E）/删除（R）/放弃（U）］： //选择要修剪的线段

选择要修剪的对象，或按住 Shift 键选择要延伸的对象，或

［栏选（F）/窗交（C）/投影（P）/边（E）/删除（R）/放弃（U）］： //选择要修剪的线段

…… //依次选择要修剪的线段

选择要修剪的对象，或按住 Shift 键选择要延伸的对象，或

［栏选（F）/窗交（C）/投影（P）/边（E）/删除（R）/放弃（U）］： //按 Enter 键，结束命令

绘制结果如图 12-2c 所示。将内部的矩形，即图框线线宽修改成 1.0。

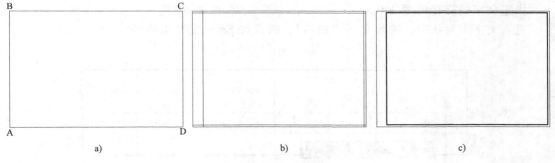

a) b) c)

图 12-2 图框线

3. 绘制标题栏（图 12-3）

辽宁建筑职业学院				NO	2	日期	2015－12－1
				批阅			成绩
姓名	李强	专业	土木	住宅楼平面布置图			
班级	建工151	学号	15				

图 12-3 标题栏绘制结果

（1）将"标题栏"图层设置为当前图层。

（2）利用直线、偏移和修剪等命令绘制标题栏框线，如图 12-4 所示。

（3）输入标题栏内的文字。将"汉字"样式设置为当前文字样式。在命令行中输入 TEXT 命令并按 Enter 键，命令行提示如下：

命令：TEXT

当前文字样式："汉字" 文字高度：2.5000 注释性：否 对正：左

指定文字的起点 或 ［对正（J）/样式（S）］：j //输入 J 并按 Enter 键，选择"对正"选项

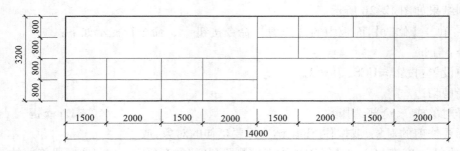

图 12-4　标题栏尺寸

输入选项 [左(L)/居中(C)/右(R)/对齐(A)/中间(M)/布满(F)/左上(TL)/中上(TC)/右上(TR)/左中(ML)/正中(MC)/右中(MR)/左下(BL)/中下(BC)/右下(BR)]: mc
　　　　　　　　　　　　　　　　　　　　　//选择"正中(MC)"选项

指定文字的中间点:　　　　　　　　　　　//该点位于图 12-5 中两条对象追踪线的交点处

指定高度 <2.5000>: 350　　　　　　　　//输入 350 并按 Enter 键,设置文字高度

指定文字的旋转角度 <0>:　　　　　　　//按 Enter 键

进入文字书写状态,输入文字"姓名",按两次 Enter 键结束命令。

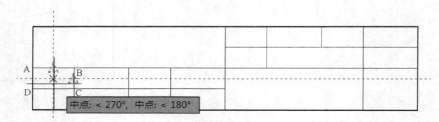

图 12-5　文字中间点位置图

注意:需用打断于点命令□将文字周围线的交点打断,即需在图 12-5 中 A、B、C 和 D 四个点处打断相应的直线段。

(4) 运用复制命令可以复制其他几组字,然后在命令行中输入文字修改命令 ED 并按 Enter 键,依次修改各个文字内容,绘制结果如图 12-6 所示。

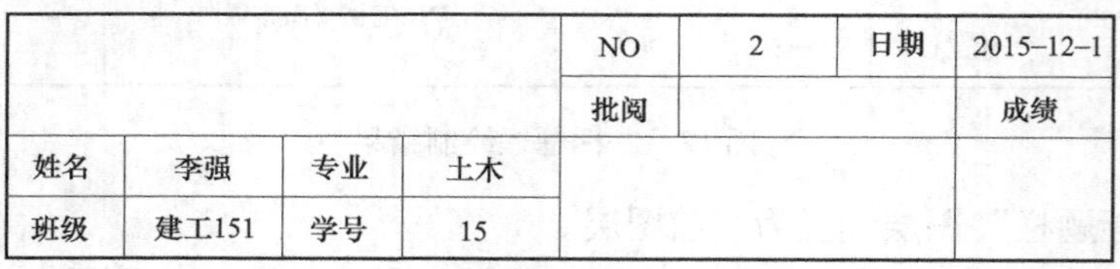

				NO	2	日期	2015-12-1
				批阅			成绩
姓名	李强	专业	土木				
班级	建工151	学号	15				

图 12-6　绘制高度为 300 的文字

(5) 同样,运用单行文字命令在标题栏内输入"辽宁建筑职业学院"和"住宅楼平面布置图",文字样式为"汉字",文字高度为 500,文字旋转角度为 0,绘制结果如图 12-3 所示。

(6) 修改图框线的线宽为 1.0,标题栏外框线的线宽为 0.7,标题栏内格线的线宽为 0.35。

（7）移动标题栏，使其右下角对齐图框线的右下角，如图 12-7 所示。

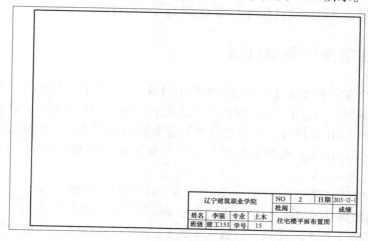

图 12-7　移动标题栏

4. 调整平面图位置

运用移动命令将住宅楼平面布置图移到图框线内。

5. 书写图名

运用单行文字命令在住宅楼平面布置图下方书写图名"住宅楼平面布置图"，文字样式为"汉字"，文字高度为700，文字旋转角度为0；书写绘图比例为"1:100"，文字样式为"汉字"，文字高度为500，文字旋转角度为0。在图名下方用粗实线绘制一条线段。绘制结果如图 12-8 所示。

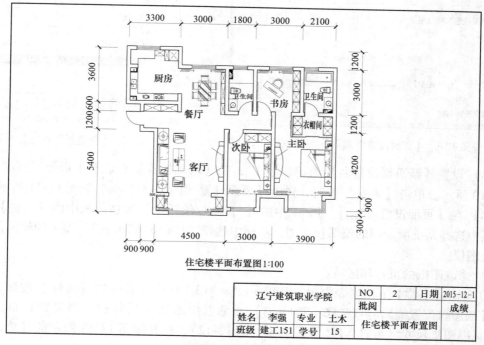

图 12-8　移入住宅楼平面布置图

6. 保存文件

单击快速访问工具栏中的【保存】命令按钮，保存文件。

12.2 打印住宅楼平面布置图

在打印输出之前，首先需要配置好图形输出设备。目前，图形输出设备很多，常见的有打印机和绘图仪两种，但目前打印机和绘图仪都趋向于激光和喷墨输出，已经没有明显的区别。因此，在 AutoCAD 2014 中，将图形输出设备统称为绘图仪。一般情况下，使用系统默认的绘图仪即可打印出图。如果系统默认的绘图仪不能满足用户需要，可以添加新的绘图仪。

下面讲述在模型空间打印建筑平面图的方法。具体操作步骤如下：

（1）打开前面保存的"住宅楼平面布置图.dwg"为当前图形文件。

（2）选择菜单【文件】|【页面设置管理器】，弹出【页面设置管理器】对话框，如图 12-9 所示。单击【新建】按钮，弹出【新建页面设置】对话框，如图 12-10 所示。

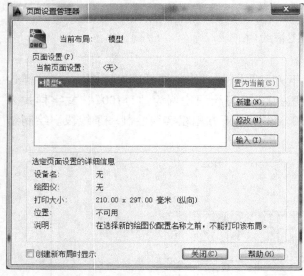

图 12-9 【页面设置管理器】对话框

图 12-10 【新建页面设置】对话框

（3）设置【新页面设置名】为"设置 1"，在【基础样式】列表框中选择"模型"，如图 12-10 所示。单击【确定】按钮，弹出【页面设置-模型】对话框，如图 12-11 所示。

（4）在【页面设置-模型】对话框中的【打印机/绘图仪】选项区域中的【名称】下拉列表框中选择系统所使用的绘图仪类型，本例中选择"DWF6 ePlot.pc3"型号的绘图仪作为当前绘图仪。

1）修改图纸的可打印区域。

① 单击【名称】下拉列表框中"DWF6 ePlot.pc3"绘图仪右面的【特性】按钮，在弹出的【绘图仪配置编辑器-DWF6 ePlot.pc3】对话框中激活【设备和文档设置】目录下的【修改标准图纸尺寸（可打印区域）】选项（图 12-12），打开如图 12-13 所示的【修改标准图纸尺寸】选项区域。

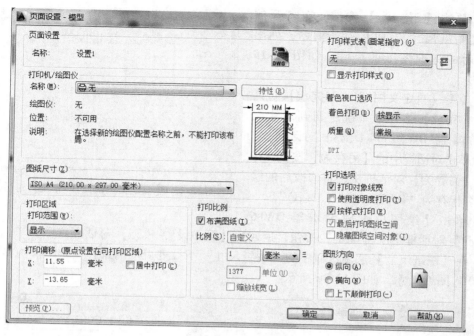

图 12-11 【页面设置-模型】对话框

② 在【修改标准图纸尺寸】选项区域内单击微调按钮 ，选择 "ISO A3（420×297）" 图表框，如图 12-13 所示。

③ 单击此选项区域右侧的【修改】按钮，在打开的【自定义图纸尺寸-可打印区域】对话框中，将【上】、【下】、【左】、【右】的数字设为 0，如图 12-14 所示。

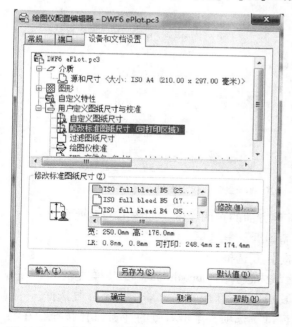

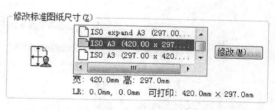

图 12-13 【修改标准图纸尺寸】选项区域

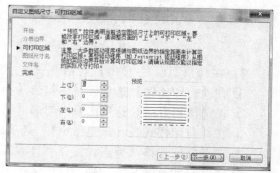

图 12-12 【绘图仪配置编辑器-DWF6 ePlot. pc3】对话框　　图 12-14 【自定义图纸尺寸-可打印区域】对话框

232

④ 单击【下一步】按钮，在打开的【自定义图纸尺寸-完成】对话框中，列出了修改后的标准图纸的尺寸，如图 12-15 所示。

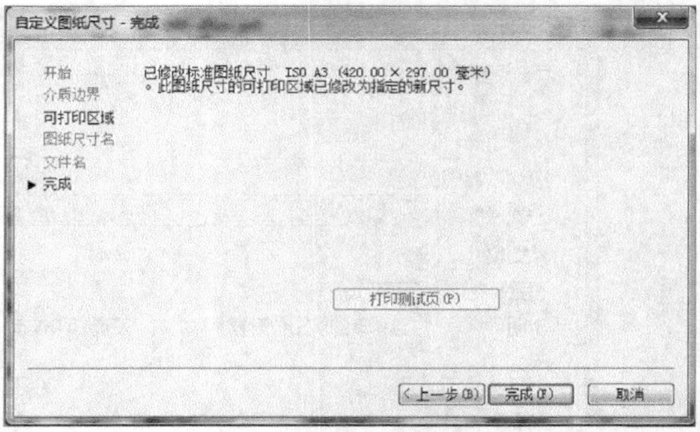

⑤ 单击【自定义图纸尺寸-完成】对话框中的【完成】按钮，系统返回到【绘图仪配置编辑器-DWF6 ePlot. pc3】对话框。

⑥ 单击对话框中的【另存为】按钮，在弹出的【另存为】对话框中，将修改后的绘图仪另名保存为"DWF6 ePlot-（A3-H）"。

⑦ 单击【绘图仪配置编辑器-DWF6 ePlot. pc3】对话框中的【确定】按钮，返回到【页面设置-模型】对话框。

⑧ 在【图纸尺寸】选项区域中的"图纸尺寸"下拉列表框内选择"ISO A3（420.00 × 297.00）"图纸尺寸，如图 12-16 所示。

图 12-15　【自定义图纸尺寸-完成】对话框

图 12-16　选择"ISO A3（420.00×297.00）"图纸

2）在【页面设置-模型】对话框中进行其他方面的页面设置，如图 12-17 所示。

① 在【打印比例】选项区域内勾选【布满图纸】复选框。

② 在【图形方向】选项区域内勾选【横向】复选框。

③ 在【打印样式表（画笔指定）】选项区域内选择"monochrome. ctb"样式表。

④ 在【打印偏移（原点设置在可打印区域）】选项区域勾选"居中打印"复选框。

⑤ 在【打印范围】下拉列表框中选择"窗口"选项，单击右侧的【窗口】按钮，在绘图区指定图幅线的左上角和右下角为窗口范围。

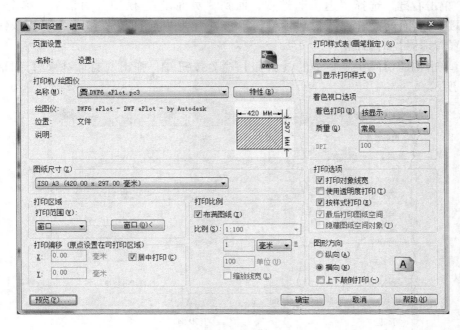

图 12-17　页面设置其他选项

（5）在设置完的【页面设置-模型】对话框中单击【预览】按钮，进行预览，如图 12-18 所示。

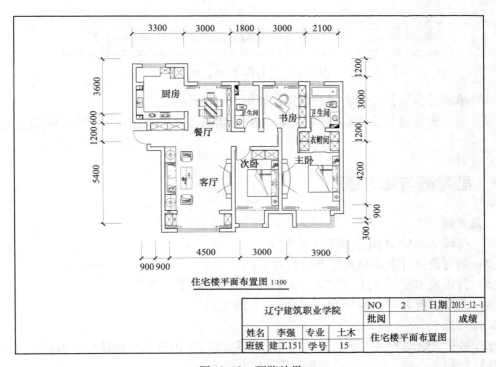

图 12-18　预览效果

（6）单击右键，选择"退出"选项，回到"页面设置-模型"对话框，单击【确定】按钮，回到【页面设置管理器】对话框，单击【置为当前】按钮和【关闭】按钮，退出【页面设置管理器】对话框。

（7）单击快速访问工具栏中的【打印】命令按钮，弹出【打印-模型】对话框，如图 12-19 所示。

图 12-19 【打印-模型】对话框

（8）单击【预览】按钮，进行预览，如图 12-18 所示。

（9）如对预览结果满意，就可以单击预览状态下工具栏中的打印图标 进行打印输出。

12.3 思考题与练习题

1. 思考题

（1）打印 AutoCAD 图的步骤有哪些？

（2）如何设置【页面设置管理器】对话框？

（3）打印范围除了通过"窗口"的方法设置外，还有哪些方法？

（4）图形方向为"横向"和"纵向"，有何区别？

2. 操作题

打开第 9 章绘制的住宅楼地面材料图，为其添加 A3 图框线和标题栏。再调整【页面设置管理器】相关参数，打印预览效果如图 12-20 所示。

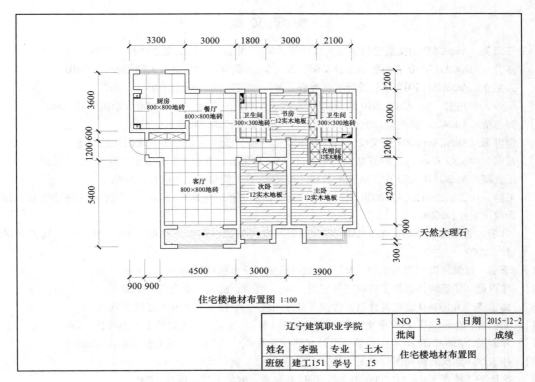

住宅楼地材布置图 1:100

辽宁建筑职业学院		NO	3	日期	2015-12-2
		批阅			成绩
姓名	李强	专业	土木	住宅楼地材布置图	
班级	建工151	学号	15		

图 12-20　住宅楼地材图打印预览效果

参 考 文 献

［1］ 王海英. AutoCAD 中文版建筑制图实战训练［M］. 北京：人民邮电出版社，2003.

［2］ 王芳. AutoCAD 2010 室内装饰设计实例教程［M］. 北京：北京交通大学出版社，2010.

［3］ 张宪立. AutoCAD 2012 建筑设计实例教程［M］. 北京：人民邮电出版社，2012.

［4］ 王芳，李井永. AutoCAD 2010 建筑制图实例教程［M］. 北京：北京交通大学出版社，2010.

［5］ 高志清. AutoCAD 建筑设计上机培训［M］. 北京：人民邮电出版社，2003.

［6］ 谢世源. AutoCAD 2009 建筑设计综合应用宝典［M］. 北京：机械工业出版社，2008.

［7］ 雷军. 中文版 AutoCAD 2006 建筑图形设计［M］. 北京：清华大学出版社，2005.

［8］ 王立新. AutoCAD 2009 中文版标准教程［M］. 北京：清华大学出版社，2008.

［9］ 王静，马文娟. AutoCAD 2008 建筑装饰设计制图实例教程［M］. 北京：中国水利水电出版社，知识产权出版社，2008.

［10］ 林彦，史向荣，李波. AutoCAD 2009 建筑与室内装饰设计实例精解［M］. 北京：机械工业出版社，2009.

［11］ 李燕. 建筑装饰制图与识图［M］. 北京：机械工业出版社，2009.

［12］ 沈百禄. 建筑装饰装修工程制图与识图［M］. 北京：机械工业出版社，2010.

［13］ 高志清. AutoCAD 建筑设计培训教程［M］. 北京：中国水利水电出版社，2004.

［14］ 胡仁喜. AutoCAD 2006 中文版室内装潢设计［M］. 北京：中国建筑工业出版社，2005.

［15］ 阵志民. AutoCAD 2006 室内装潢设计实例教程［M］. 北京：机械工业出版社，2006.

［16］ 孙玉红. 建筑装饰制图与识图［M］. 北京：机械工业出版社，2008.

［17］ 徐建平. 精通 AutoCAD 2006 中文版［M］. 北京：清华大学出版社，2005.

［18］ 李井永. 3dsMAX、Photoshop 建筑效果图制作实例教程［M］. 北京：机械工业出版社，2008.

［19］ 李井永. 建筑装饰计算机辅助设计 AutoCAD、3dsMAX、Photoshop［M］. 北京：机械工业出版社，2009.

［20］ 胡仁喜. AutoCAD 2005 中文版建筑施工图经典实例［M］. 北京：机械工业出版社，2005.

［21］ 邵谦谦. AutoCAD 2005 中文版建筑图形设计［M］. 北京：电子工业出版社，2004.